新疆核桃栽培与管理

虎海防　著

U0252064

中国环境出版集团·北京

图书在版编目（CIP）数据

新疆核桃栽培与管理/虎海防著. —北京：中国环境出版集团，2022.2

ISBN 978-7-5111-5032-5

Ⅰ . ①新… Ⅱ . ①虎… Ⅲ . ①核桃—果树园艺 Ⅳ . ①S664.1

中国版本图书馆 CIP 数据核字（2022）第 016457 号

出 版 人	武德凯
责任编辑	范云平
责任校对	任 丽
封面设计	彭 杉

出版发行　**中国环境出版集团**
　　　　　（100062　北京市东城区广渠门内大街 16 号）
　　　　　网　　　址：http://www.cesp.com.cn
　　　　　电子邮箱：bjgl@cesp.com.cn
　　　　　联系电话：010-67112765（编辑管理部）
　　　　　发行热线：010-67125803，010-67113405（传真）

印　　刷	北京中科印刷有限公司
经　　销	各地新华书店
版　　次	2022 年 2 月第 1 版
印　　次	2022 年 2 月第 1 次印刷
开　　本	787×960　1/16
印　　张	12.5
字　　数	203 千字
定　　价	48.00 元

前　言

核桃树是我国四大干果树种之一，栽培历史悠久，可制作干果，也可作油料、工业原料、用材、药物等，用途广泛，具有较高的经济效益、生态效益和社会效益。核桃树具有喜光喜温、耐寒耐旱、适应广泛、管理简易等特点，深受农民喜爱。

我国是世界核桃栽培起源地之一。我国核桃以果用型为主，部分农田防护林为果材兼用。近40年来，在国家加快木本油料发展的政策支持下，我国核桃经历了从自然生长到人工栽培，从零星种植到规模种植的发展历程。目前，全国有上百个核桃品种，品质不一，各省、市、自治区均有5～10个主栽品种，幼龄占比大，增产潜力巨大。

新疆得天独厚的水、土、光、热资源和良好的灌溉条件，适宜核桃栽培。依托新疆核桃个大、壳薄、美观、酥脆、易取仁、风味浓香的种质资源，从1958年开始，几代科学家不懈努力，选育出以"温185""新新2号"为代表的适宜建园式栽培的良种，以及适宜农林间作栽培的主栽配套良种"扎343""新丰"，对推动新疆乃至全国的核桃生产与林业科技进步发挥了积极作用。

新疆是世界六大果品生产带之一。塔里木盆地北缘和南缘的绿洲是核桃的优势种植区，由于长期灌溉、淤积，土壤不断熟化，加之灌溉条件较好，便于集中管理，已形成规模优势。2004年，新疆维吾尔自治区党委、人民政府决定加快特色林果业发展，在南疆绿洲的一、二类耕地中，推动绿洲经济向多元性、多样性转变，向开放性、早实性趋势发展，使核桃种植规模迅速扩张到今天的 584 万亩①。但因标准化程度低、深加工领域薄弱等问题突出，销售压力日趋增大，自 2014 年起核桃价格下滑，核桃对农民增收的贡献率逐年下降。产量的增加和价格的降低为核桃深加工的发展提供了契机，但至今进展缓慢，结构性供大于求的态势逐步加剧，绿色产业还没有做大做强，正处在转型升级的关键时期，市场对核桃产业的引导和促进作用越发重要，保持品质和地域优势、提升发展水平面临严峻挑战。

2019 年，新疆维吾尔自治区党委启动实施林果业提质增效工程，顶层设计，高位推动，以供给侧结构性改革为主线，扎实推进林果业品种布局科学化、果品品质优质化、产业链一体化，推进天山南北一年四季"瓜果飘香"，树立新疆林果"金字招牌"，助力打赢脱贫攻坚战，推进乡村产业振兴。

为了深入贯彻自治区"提高质量、打造品牌、开拓市场、增加效益"的新时期林果业发展战略，促进新疆地区核桃规范化生产、健康发展，我们特编写了《新疆核桃栽培与管理》一书。此书切合新疆核桃生产的实际需要，以实用技术为主要内容，表述通俗易懂，易学易掌握，实用性强，可供生产一线的管理干部、科技人员、核桃专业户学习和参考，也可作为农业技术人员的培训教材。

该书几经讨论和修订，共编写了十个章节，主要编写人员和分工：虎海防，第二章、第八章、第九章；彭刚，前言、第一章、第七章；邓秀山，第五章、第六章；孙雅丽，第三章、第四章；赵晓燕，第十章；王宝庆、高山统稿。由于核桃产业发展迅猛，技术不断更新优化，加之时间紧、编者水平有限，难

---

① 1 亩≈666.7 平方米。

免有疏漏、不当之处，敬请有关专家及广大读者批评指正。同时就此机会，谨向付出艰辛劳动的全体编写人员致以崇高的敬意，向为编写工作提供帮助的殷传杰、欧源、廖晨宇、郝金莲、王茹、杨钰琪、杨梦思、王磊、师琼、高山、程赞等表示衷心的感谢！

本书编写组

目　录

第一章 概　述

核桃是世界著名四大坚果（榛子、核桃、杏仁、腰果）之一，也是重要的油料作物，历来被称为"木本油料"和"铁杆庄稼"。新疆核桃以早实、丰产、质优和抗逆性强闻名国内外，是发展山区林业、植树造林、防风固沙的重要树种。

第一节　核桃的栽培历史和经济价值

一、核桃的起源及栽培历史

中国是世界核桃栽培起源地之一。据《中国植物化石》第三册新生代植物研究资料，在第三纪（距今 1 200 万～4 000 万年）和第四纪（距今 200 万～1 200 万年）中国已有胡桃属植物中的 6 种核桃，分布在华北、西北、西南、东北地区。江西、河南、新疆、陕西、河北、山东、北京等地先后发掘出土了始新世、渐新世和中新世地质年代地层中的核桃花粉或孢粉遗存。

1980 年，在河北省武安县磁山村发掘出距今 7 335 年±100 年的原始社会遗址中的炭化核桃残壳，经中国科学院植物研究所鉴定为核桃（*Juglans regia* L.）。

1979 年，《河南文博通讯》载，河南省密县莪沟北岗新石器时代遗址出土了炭化核桃、枣和麻栎的种核，经中国科学院考古研究所 ^{14}C 测定，距今 7 200 年±80 年。

1976 年前后，山东省临朐县山旺村发掘出土了核桃叶片化石和 3 枚炭化核桃，经鉴定，地质年代为中新世，距今 2 500 万年。

1973 年，张新时、武德隆的研究表明，新疆野核桃林属于天山第三纪中新世温带阔叶林残遗群落，距今 2 500 万年。

此外，在陕西西安半坡村遗址（距今约 6 000 年）、西藏聂拉木县聂聂雄拉地区、新疆准噶尔盆地、北京地区、江西清江县（今樟树市）、陕西蓝田县等地，曾先后在土壤中发掘出核桃花粉和孢粉遗存。

上述地质发掘和考古结果可以证明中国是核桃栽培的起源地之一。这与近年欧洲和北美地层发掘出土的核桃叶片、坚果化石地质时期均为新生代第三纪中期和初期有相近之处，证明核桃栽培起源并非一地，而是多地。

新疆的核桃栽培，起源于新疆天山的野核桃（*Juglans cathayensis Dode*）。我国古植物研究者曾在新疆准噶尔盆地渐新世绿岩地层内发现了胡桃花粉。赛尼肯B.M.（1965）认为，中新世时，在塔里木盆地的走廊状森林中还存在核桃和其他许多森林植物。今天，在新疆伊犁谷地两侧的凯特明山和博罗霍洛山的前山地带，依然自然分布着野核桃林。在塔吉克斯坦共和国的西天山和帕米尔—阿赖山地，分布着较大的野核桃天然群落，那里距离新疆喀什噶尔较近。

许多研究者认为，伊犁野核桃林的现代分布，与该地区的地质历史发生过程有着密切联系。伊犁地区的前山地带，由于未遭受第三纪末第四纪初冰期山地冰川迭次下降的侵袭，又较少蒙受间冰期和冰后期干旱气候的影响，遂成为喜暖中生阔叶树的存留地方。因而，现代分布的野核桃和野苹果，是特定地质历史条件和局部的特殊地方气候相配合的残遗树种。

近年来，新疆的考古工作者在塔里木盆地北缘巴楚县托库孜萨来遗址中，发掘出核桃、麦粒等作物种实，这是北朝时期（公元 386—581 年）的遗址，距今约1 600 年。另外，在吐鲁番市的唐朝（公元 618—907 年）遗址——阿斯塔那 195号古墓中，也发掘出核桃和麦粒等物。这些实物的出土，说明新疆在 1 300～1 600年前就已经有核桃栽培，并已作为生活中不可缺少的果品而陪葬到墓中。新疆核桃历史之悠久、栽培区域之广泛可见一斑。

二、核桃树及核桃果实的价值

核桃的价值，概括起来主要有以下方面：一是作为食品，核桃仁有丰富的营养成分；二是有一定的药用价值和良好的保健作用，在国外人称"益智果"，在国内享有"长寿果"的美称；三是核桃树木质坚硬，核桃木、核桃壳、核桃青皮为工业和民用提供了优质的木材和原料；四是核桃树作为绿化树种和生态修复树种，有良好的生态价值。

（一）营养价值

核桃富含脂肪及蛋白质，既是高热能营养坚果，又是无胆固醇的绿色保健食品，核桃生食营养损失最少，在收获季节不经干燥取得的鲜核桃仁更是美味。吃鲜核桃仁在发达国家比较普遍。

以新疆核桃为例，其营养成分大致为：每 100 g 核桃仁含蛋白质 15.4 g，高于鸡蛋、豆腐、鲜牛奶；含脂肪 63 g、碳水化合物 10.7 g、钙 108 mg、磷 329 mg、铁 3.2 mg、维生素 B_1 0.32 mg、维生素 B_2 0.11 mg、烟酸 1.0 mg；含有亚油酸、油酸等，亚油酸及钙、磷、铁，是人体理想的肌肤美容剂；含有锌、锰、铬等人体必需的多种微量元素及丰富的维生素 B 和维生素 E。

鉴于核桃的高营养价值，美国营养和饮食协会建议人们，每周最好吃两三次核桃，尤其是中老年人和绝经期妇女。

（二）医疗保健及药用价值

（1）核桃既可生食、炒食，也可以榨油，配制糕点、糖果等，不但味美，而且具有显著的保健功能：

①核桃中的磷脂，对脑神经有很好的保健作用，目前已知核桃含有 36 种以上的神经传递素，可以帮助开发脑功能。

②核桃富含的不饱和脂肪酸，对于营养脑神经、防止衰老有非常重要的作用。

③核桃美容效果非凡，久吃以核桃仁磨粉煮成的"核桃粥"，有营养肌肤、使皮肤白嫩的功效，特别是老年人，皮肤衰老更宜常吃。

④核桃有助动脉健康，能减少脂肪含量过高的食品对动脉造成的损害，核桃中富含的特殊氨基酸能增强动脉弹性，降低动脉硬化风险；核桃对心脏也有好处，核桃具有多种不饱和与单一非饱和脂肪酸，能降低胆固醇含量，并降低患心血管疾病的可能性。

⑤核桃堪称"抗氧化之王"。科学家们认为，人体吸收了核桃的抗氧化物质，可使肌体免受很多疾病的侵害。

⑥失眠者也可以尝试吃核桃，经常食用核桃对肾虚引起的失眠有一定医治作用。

（2）核桃的药用价值也很高，中医应用广泛。中医学认为核桃性温、味甘、无毒，有健胃、补血、润肺、养神等功效。历代医书中对其保健作用极为推崇，称其能"通经络、润血脉，黑须发，常服皮肉细腻光润"。《本草纲目》云：核桃有"黑发，固精，治燥，调血之功"，有"补气养血，润燥化痰，益命门，处三焦，温肺润肠，治虚寒喘咳、腰脚重疼、心腹疝痛、血痢肠风"等功效。《神农本草经》将核桃列为"久服轻身益气、延年益寿"的上品。唐代孟诜著《食疗本草》中记述，吃核桃仁可以开胃，通润血脉，使骨肉细腻。宋代刘翰等编著的《开宝本草》中记述，核桃仁"食之令肥健，润肌，黑须发，多食利小水，去五痔"。

现代医学研究认为，核桃中的磷脂，对脑神经有良好的保健作用；核桃油含有不饱和脂肪酸，有防治动脉硬化的功效；核桃仁中含有锌、锰、铬等人体不可缺少的微量元素，人体在衰老过程中锌、锰含量日渐降低，食核桃有一定补充作用，铬有促进葡萄糖利用、胆固醇代谢和保护心血管的功能；核桃的镇咳平喘作用也十分明显，在冬季对慢性气管炎和哮喘病患者疗效极佳。可见经常食用核桃，既能强健身体又能抗衰老。

（三）工业及收藏价值

核桃木质地坚硬、纹理细致、伸缩性小、抗击力强、不翘裂、不受虫蛀，是制造高级胶合板、军械及高级家具的良好用材。尤其是美国的黑核桃，更是材质良好，价值不凡。

核桃的树皮、叶、果实青皮等可提炼栲胶，树根可制褐色染料，表皮可提取维生素 B，果壳可制作活性炭或制作汽车轮胎的橡胶耐磨添加剂。核桃可以在不与粮棉争地的情况下，提高需求日增的油料产量。利用荒滩、丘陵、瘠薄地发展早实、薄皮、优质核桃的生产，对于缓解粮食生产与油料生产占用耕地的矛盾、增加高品位油料的产量具有非常重要的意义。

核桃虽然是一种食品，但它在古玩行业中却是一个小小的收藏品种，行内人称为"文玩核桃"。麻核桃中的狮子头、虎头、罗汉头、鸡心、公子帽、官帽等，一度成为人们争相追逐的收藏对象。

（四）绿化和生态价值

核桃树体高大，枝干挺立，树冠枝叶繁茂，多呈半圆形，具有较强的拦截烟尘、吸收 CO_2 和净化空气的能力，在国内外常用作行道树或观赏树种。

核桃树抗性、适应性强，根系发达，又是绿化荒山、保持水土的优良树种。核桃生长速度快、成林迅速，可净化空气、固定大气中的 CO_2，因此，可作为减弱全球温室效应的碳汇植物。从 2000 年开始，随着退耕还林、"三北"防护林第二阶段工程等国家重大工程项目的实施，核桃作为生态经济兼用树种在全国得到了大面积种植，发挥了减轻水土流失、绿化荒山、净化空气等良好的生态效益。

总之，发展核桃产业对于提高森林覆盖率、改良土壤、增加有机质、促进土地集约化利用、绿化荒山、保持水土，尤其是改善西北地区灌区内的区域小气候意义重大。

第二节　新疆核桃的自然分布

新疆核桃栽培地域十分广泛，从北纬 36°50′的于田到北纬 44°54′的博乐，自东经 75°15′的塔什库尔干到东经 93°30′的哈密，由海拔 47 m 的吐鲁番至海拔 2 300 m 的皮山县双株乡，都有分布。从水平和垂直分布来看，新疆核桃的栽培范围，跨越纬度 8°、经度 18°、海拔 2 000 余 m，这是一个广阔的空间。

新疆位居欧亚大陆中心，以温带大陆性气候著称，境内北矗阿尔泰山，南耸昆仑山，中横天山，高山峻岭连绵交错，构成了许多大小盆地或山间谷地。这些不同位置和地理条件的盆地与谷地，具有自己独特的地方性气候，反映在气温、降水、风等气候要素上，比纬度差异更为显著。核桃能在较高纬度和较高海拔上栽培成长，正是这种地形构成和独特气候作用的结果。

新疆核桃在不同地区和不同气候条件下，表现出不同的生长特征。

一、塔里木盆地环状绿洲区

塔里木盆地环状绿洲区是广阔的温热地带，适宜核桃栽培。不同区域因地理环境不同，生态因素有较大差异。

（一）塔里木盆地西南边缘地区

本地区西起喀什三角洲的疏附、疏勒、英吉沙、岳普湖和麦盖提，经过莎车、泽普、叶城、皮山、墨玉、和田、洛浦、策勒、于田，东至民丰等平原地区。

由于地处塔克拉玛干大沙漠的西南缘，从蒙古—西伯利亚反气旋产生的寒冷干燥气团，途经广阔的戈壁荒漠到达这里已逐渐削弱，加上北冰洋寒潮经天山阻挡和塔克拉玛干沙漠的影响，到这里也大为减弱，故本区是南疆积温最高的地区。据气象资料，年≥10℃的积温达 4 045.5～4 657℃，年平均气温 11.1～12.2℃，无霜冻期211～230 天。春初温度上升快，夏季对作物有害的高温比较少，日最高气温≥35℃的天数为 5～20 天，秋季降温比较慢，冬季温度较高，1 月平均气温-5.2～-6.7℃，平均极端最低气温-16.2～-18.9℃，极端最低气温-21.6～-24.6℃。这里降水量少，平均年降水量在 34.8～78 mm，农田依靠洪水灌溉，而洪水要迟至 6 月中旬才出现，缺水时间长达 3 个月之久。

塔里木盆地西南部的绿洲，系昆仑山系的冲积沉积山前平原，夏季凉爽，冬季温暖，海拔 1 177.6～1 427 m，土质疏松，土层深厚，为沙质土壤，水分条件好，适合核桃树生长。本地区核桃树生长旺盛，枝叶茂密，冠幅庞大，产量比较稳定。

（二）塔里木盆地北缘地区

本地区东起库车、新和、沙雅、阿克苏、阿瓦提、温宿，西至乌什等地，海拔 980.4～1 396.6 m，是塔里木盆地北缘天山南坡的冲积沉积平原。气候特点是温度变化幅度大，尤其春秋两季温度日较差大，春温常有波动。本地区年平均气温9.8～11.4℃，比塔里木南缘低 0.8～1.3℃；年≥10℃的积温为 3 491.5～4 012.5℃，无霜冻期183～216 天；1 月平均气温-8.7～-9.4℃，平均极端最低气温-19.2～-21.6℃，极端最低气温-26.8～-28.7℃；日最高气温≥35℃的天数为 5.2～12.7 天；年平均降水量在 46.8～85.1 mm，比塔里木南缘地区稍多。

从天山流向塔里木盆地的阿克苏河、渭干河等河流水源条件较好。绿洲为天山山系冲积、洪积土壤，邻近河流两岸为沙质土壤，而有的阶地上则为洪积的轻黏土或重黏土，有的地方黏土层与沙层相间并存。这里核桃树的生长势比塔里木南缘的稍差，一般树高 10～16 m，冠幅较小，100 年以上的老树较少。昼夜温差波动大，较强的周期性寒潮入侵会对核桃树造成严重损伤而导致减产。

二、吐鲁番、哈密盆地炎热区

（一）吐鲁番盆地炎热干旱地区

本地区境内吐鲁番市所在地海拔为 47 m，艾比湖以东 25.6 km 的钟哈萨在海平面以下 293 m，是我国最闭塞、最低洼的山间盆地。吐鲁番盆地素以酷热、干旱、风大著称，由于盆地聚热作用和戈壁、沙漠下垫面的影响，年平均气温在 11.3～13.9℃，月平均气温 4 月即升高到 20℃，6—8 月有 40 多天气温高于 40℃，夏季地表温度一般在 75～80℃，南部沙丘表面曾测得 82.3℃的最高纪录。盆地西部托克逊一带，狂风沙暴是这里的另一主要灾害，干热风为全疆之最，年平均出现 60 次。冬季无积雪，年降水量仅 3.9 mm。盆地东部火焰山以北的鄯善县，气候虽稍凉爽，但仍属于炎热、干热风出现频繁的地区。

据 1985 年的调查，吐鲁番盆地平原核桃栽培甚少。在盆地北面天山山系博格达山南坡山前的柯柯雅沟和煤窑沟中，冬季暖和，夏季比较凉爽，很少受干热风和寒潮侵袭，坡降大，排水良好，至今尚有 100 多年以上的老核桃树，且生长茂盛，与地形构成的地方气候有密切的关系。

（二）哈密盆地温热干旱地区

本地区位于天山东端南麓，盆地平原海拔为 400～800 m，年太阳辐射总量和日照时数居全疆之冠，夏季戈壁增温快，日最高气温≥35℃的天数达 33 天，干热风出现频繁，属次重干热风区。这里生长的核桃树，由于早春土壤解冻的速度和气温剧增的速度相差悬殊，加之干热风的吹袭，枝条容易失水抽干；夏季的高温干热，使核桃树生理水分运转失调，引起叶片枯焦；冬季常因受到寒潮的袭击而受冻。

在哈密东北约 45 km 的上庙儿沟，东面和北面山峦屏障，西面是隆起的台阶地，只有南面开敞，沟中流水清澈。这里冬暖夏凉，生长了数量较多的核桃树，现存有 150 年以上的老核桃树。在强烈的西伯利亚反气旋寒潮侵袭的年份，花芽或 1 年生枝条极易受冻，产量会受到严重影响，收获很少，所产坚果品质较差，以厚壳居多。

三、伊犁河谷

伊犁河谷位于天山西部，北纬 42°15′～44°49′，谷地东、南、北三面环山，西面敞开，地势东高西低。伊犁河谷平原海拔 600～1 200 m，境内有喀什河、巩乃斯河、特克斯河，三条河流汇成伊犁河，年降水量 200～500 mm，水量充沛，土壤肥沃，植被繁茂，是新疆自然条件比较好的地方。伊犁谷地平原栽培核桃。主要受周期性强烈寒流和晚霜、冰雪的影响，这里平均最低气温都在-27.9℃以下，极端最低气温在-33.4～-43.2℃，夏季聚热增温快，冬季冷空气沉积。

伊犁河谷前山地带自然分布着野核桃群落。这是因为该谷地冬季出现强逆温层，山地有良好的水土条件，适合野核桃、野苹果与野杏等组成山地垂直植被带中的落叶阔叶野果林群落。其中野核桃林分布高度在海拔 1 250～1 600 m，生长在峡谷沟底或山坡下部，有野核桃纯林与野苹果混交林，以及散生等林型。野核桃树生长势良好，但幼苗期易受冬季强烈寒流的威胁，产量还受春季突然降温的影响，有的年份秋季降雪较早，强迫果实提前成熟，所以坚果品质较差。

四、准噶尔盆地东南部绿洲区

本地区东起乌鲁木齐、呼图壁、玛纳斯，西至石河子一带。位于天山北坡，北纬 43°47′～44°19′，海拔 442.9～917.9 m，年平均气温 5.7～6.7℃，极端最低气温-36.8～-41.5℃，1 月平均气温-15.2～-18℃，无霜期 154～182 天，属中温带气候。

石河子园艺场于 1959 年引种南疆核桃，埋土越冬的幼苗于 1961 年形成雌花，但终未能成树，未经埋土越冬的幼苗全被冻死。乌鲁木齐六道湾苗圃，每年将地上部分植株包裹越冬，在较冷的年份新枝和花芽易受冻害。因生长期短，果实强迫成熟，坚果体积小。可见，在乌鲁木齐地区栽培核桃，需要有耐寒力很强的品种，而培育忍耐-35℃以下的核桃新品种是一项艰巨的工作。

五、新疆核桃分布的生态特点

（一）核桃是喜温的中生性果树

南疆塔里木盆地的阿克苏、喀什、和田地区，年平均气温在10℃以上，热量丰富，光照和生长期长，冬季温暖，核桃枝叶茂密，长势旺盛，呈高大的乔木型。

（二）极端低温是核桃栽培的主要限制性因子

冬季-30℃的极端最低气温影响核桃树地上部分的生存，而低温下降的程度、延续时间的长短，以及降温的时期和降温的速度则明显地决定着被害程度的轻重。伊犁谷地平原的新源、伊宁等地，因周期性强烈寒潮的影响，核桃树的大枝遭受冻伤，树体呈亚乔木型，产量很不稳定。乌鲁木齐地区经常出现≤-25～-30℃的低温，核桃树形呈丛生状态。此外，酷热的高温角度和强烈的干旱风暴也是核桃栽培的制约因素。

（三）地形形成的气候条件对栽培核桃起着重要作用

从宏观和微观角度看，无论是吐鲁番盆地和伊犁谷地，还是哈密与上庙儿沟，吐鲁番平原与柯柯雅沟、煤窑沟，伊犁谷地的巩留与伊宁的吉里于孜，这些地带核桃的分布，都与当地地势所形成的局部地方性气候有重要的关系。

（四）新疆核桃的经济性状具有区域性特点

坚果体积从北向南增大，塔里木盆地南缘和田地区普遍出现大型核桃，因为和田地区光照时间长、热量充足，作物生长期长，为核桃的年周期发育和系统发育创造了有利条件。

早实类核桃自南向北增多，在塔里木盆地北缘阿克苏、乌什、库车一带出现的数量很多，并且结实早的核桃树表型性状尤其明显，花和芽的异变性也表现出多样化。

在伊犁谷地平原、吐鲁番盆地的柯柯雅沟和煤窑沟、哈密上庙儿沟等地栽培的核桃树，果实都是晚实类群厚壳夹仁核桃，因为这类核桃具有较强的抗逆能力。

第三节　新疆核桃的产业定位

一、核桃产业发展现状

（一）产量持续增长，产品具有长尾特征

全世界有 53 个国家生产核桃，2017 年全球核桃总产量为 764.76 万 t，中国（多样型）、美国（集约型）、土耳其、伊朗、乌克兰和罗马尼亚为世界核桃六大主产国，澳大利亚和智利也已完全实现良种化。世界核桃仁出口贸易量超过 5 000 t 的国家有美国、乌克兰、墨西哥、摩尔瓦多、智利和印度。带壳核桃出口贸易量超过 5 000 t 的国家有美国、法国、墨西哥、智利和中国。美国、智利、澳大利亚和东欧主产国以出口为主，出口量占这些国家产量的 50%～70%，主销市场是欧盟、中东、东南亚、俄罗斯、南北美等国家和地区。

我国核桃坚果总产量逐年递增，从 2008 年的 82.96 万 t 提升至 2018 年的 326.87 万 t，总产量稳居世界第一。种植区域分布广泛且以山地为主，近年的种植面积年均增长率为 5%，2018 年达 1.1 亿亩，位居世界第一。但受土地资源贫瘠的限制，平均亩产与发达国家相比显著偏低。我国核桃品种繁多，但与国际流行品种相比缺乏竞争力。截至 2017 年，国家级认定良种 11 个、省级良种近 600 个，各省（区、市）有 5～10 个主栽品种，幼龄占比大，增产潜力巨大。

我国核桃生产呈现良种率低、品种繁多、缺乏专用品种和高档品种的特点。近年来，加工企业数和总产能稳步增长，但行业分布长尾效应明显。截至 2017 年，我国核桃加工量为 131.4 万 t，年均增速为 20%。核桃加工、贮藏相关企业超过 1 000 家，小型企业占 75.3%，大型企业仅占 6.6%，已经面临巨大的市场挑战和风险。

（二）消费总量增加，消费群体特征明显

2017 年，我国消费 104.5 万 t 核桃，约占全球的 48%，是全球核桃消费量最

高的国家，比 1995 年的 21.42 万 t 增长了 3.88 倍，年均增长 22.2%。国内核桃人均年消费量呈逐年增长的趋势，从 1995 年的 0.17 kg 到 2016 年的 1.8 kg，增长了 9.6 倍，年均增长率达到 24%，而同期世界核桃人均消费增长率只有 5.8%。智研咨询调度数据显示，公民对健康的认知不断增强，核桃在消费终端的各细分市场稳步扩张，尤其受到中产家庭和有幼儿家庭的青睐。

（三）加工日益精细化，线上贸易蓬勃发展

2017 年，我国核桃加工量 131.4 万 t，主要分为初加工与深加工：初加工如核桃的干制，以核桃仁为原料生产休闲食品；深加工包括核桃油的压榨，核桃蛋白粉的制备，以青皮、壳等为原料生产加工日化产品等。据《中国林业年鉴》数据，2017 年，从事核桃储藏加工的企业超过 1 000 家，占全国储藏加工企业数量的 3.52%，年产值千万以上的企业有 221 家。按照 2017 年核桃总产量计算，深加工比例约为 37.5%。在贸易流通方面，以电商平台为代表的新兴渠道快速增长，为包括核桃在内的坚果品类提供了更广泛的终端消费者触达。2013—2018 年 5 年间，坚果行业的线上销售份额从 2% 增长至 12.5%，电商已成为引领休闲零食行业增长的新引擎。核桃已经从零食转变为餐补食物，未来会有更巨量的增长。

（四）进出口贸易规模相对较小，但增速明显

联合国贸易数据显示，2008—2016 年中国核桃仁出口量维持在 1 万 t 以下，不到总消费量的 1%。近年来，受外贸利润带动，核桃仁进口贸易增长明显，2017 年核桃仁进口量约为 1.8 万 t，是 2016 年出口量的 4.7 倍，2018 年进口 3.2 万 t，比上年增加 77.8%。贸易伙伴国总体稳定，进口量受双边贸易不确定性因素影响较大。国内核桃仁主要出口地为欧洲、日本和吉尔吉斯斯坦，带壳核桃主要销往巴基斯坦和吉尔吉斯斯坦。主要进口国是美国，受贸易摩擦影响，2018—2019 年度进口量减少了 17%。

（五）市场价格总体下跌，优质优价特征明显

因产业整体处于供大于求的局面，市场价格总体下跌，价格波动呈现明显的区域性差异。2010—2019 年，全国核桃坚果批发均价从每千克 30～40 元跌至 8～

15 元，年均跌幅为 6%～13%，10 年间优质坚果批发均价跌幅为 15%，一般质量的坚果批发均价跌幅达 50%。其中，2019 年，新疆产区在原本平稳下降的中后期和产季初期出现了较大幅度的上涨，主要得益于海外需求量的增加。新疆核桃集中出口，也带动部分主产地的核桃价格小幅上涨，云南核桃价格从高位波动下降，总体下降幅度较大。优质优价的市场特征明显，2017—2019 年，特级、一级、二级坚果价格走势高度一致，且价差稳定，特级坚果价格在每千克 19～21 元，比杂果价高 8～9 元。

（六）成本收益呈现明显的产业结构性差异

坚果生产效益不高，并逐年下降，回报周期长。目前，全国核桃园中仅有 1/3 左右为丰产园，每亩平均纯收入约 1 900 元，而大部分核桃园每亩收入仅 350 元，且成本回收期在 10 年以上。近年来，核桃初加工效益不高。坚果价格的下跌，抵消了部分劳动力成本的上升，经营加工核桃仁效益较为平稳。核桃精深加工效益好，是今后产业发展的重点，但大多数精深加工企业存在融资难、设备落后、品牌意识不强等问题，尚未形成市场话语权。

二、核桃产业的发展趋势

（一）总产量增速放缓并呈稳定波动态势

我国核桃产业将逐渐完成从"量"向"质"的转变，落后产能将被淘汰，种植面积稳中有降，亩产效率稳步提升，总产量增速将长期放缓并呈稳定波动态势，地域性集约化生产比例将稳步提升。

（二）深加工比例进一步提升

价格持续波动将进一步倒逼核桃行业向深加工转型，同时开发更多行业细分品类。深加工技术将得到更大普及，拥有更稳定终端价格的核桃乳、核桃油等精细加工产品占有比例将会持续提升。

（三）市场集中度持续稳步提升

低迷的市场价格将进一步制约缺乏生产集中度和附加值低的核桃企业的发展，进而加剧行业两极化。拥有优质果源和先进加工技术的优势企业由于其稳定的高质量产品，会持续拥有稳定的终端价格和毛利结构，通过新渠道进一步扩大品牌知名度，推动市场进一步整合，预计集中度会稳定提升。

（四）人均核桃消费量将持续提升

受消费升级和渠道下沉的双重影响，核桃产品作为高端坚果对家庭的渗透率会进一步提升，一方面深加工产品如核桃油等将获得更多高端消费者的青睐，另一方面口碑传播和丰富的自媒体教育将使核桃的价值认知进一步扩大，促进需求端正反馈的形成。

高附加值的核桃产品出口额将稳步增加。行业"供大于求"的现状将得到改善，进出口量占比未来仍会保持在较低水平。随着行业发展质量的提升，拥有较高附加值的、精深加工的产品占总出口额的比例将不断提升，行业出口局面将从低价向更有竞争力的产品输出转变。

综上发展趋势，新疆核桃产业需要立足新疆区情，把握国际核桃产业发展方向，充分整合与发挥政府、市场和农民三个主体的最大作用，以市场为导向，满足多样化需求，加大科技研发投入，提升优势产业产出效率。借用工业化理念来指导核桃产业，通过专业化、组织化分工协作，实现上下游产业延伸和三产融合，向上游延伸规模化、产业化、科技化，向下游延伸标准化、市场化、品牌化，三产融合，实现科技创新、专业化生产、规模化种植、标准化控制、产业化经营、品牌化销售、社会化服务，实现核桃增效、农民增收。

三、新疆核桃产业分析

新疆气候适宜早实核桃，依托得天独厚的水土光热资源，污染少的良好环境和个大、壳薄、美观、酥脆、易取仁、风味浓香的核桃品种资源，新疆从 1958 年开始繁育苗木、成片建园，主栽区在南疆绿洲的一、二类耕地中。政府相继出台林果业发展的优惠政策，通过几代科学家的不懈努力，形成了系列成果，选育出适宜建园式栽培的"温185""新新2号",适宜农林间作栽培的"扎343""新丰"两套主栽配套品种,还有"温179""新萃丰""新早丰",特色品种"新辉""新叶1号""温81",鲜食品种"新露""温233"等,投入产出比高,林农种植积极性高,对推动新疆乃至全国核桃生产与科技进步发挥了积极作用。

据统计,到2020年,新疆发展核桃种植面积602万亩,产量111万t。其中阿克苏地区核桃种植面积241万亩、产量54万t;喀什地区核桃种植面积157.4万亩,产量29.4万t;和田地区核桃种植面积173.7万亩、产量29.65万t;伊犁哈萨克自治州核桃种植面积7.1万亩、产量5745t;克孜勒苏柯尔克孜自治州核桃种植面积12.8万亩、产量6767t;哈密市核桃种植面积660亩、产量34t;吐鲁番市核桃种植面积12780亩、产量998t。2021年售价回落,早实、鲜食、带壳销售与三十年前的品种优势不可同日而语,产量的增加和价格的降低为核桃深加工的发展提供了契机,但至今进展缓慢。

(一)优势

(1)良好的气候条件和自然条件。新疆属典型的大陆性干旱气候,少雨、昼夜温差大,无霜期长,阳光好,全年2 500~3 500小时的日照,不但有利于果品营养积累,而且病虫害种类少。无污染,天山雪水灌溉,有利于绿色生态果品生产。

(2)好的品种。"温185""新新2号"这两个主栽品种具有出仁率高、品种纯度相对较好、壳薄等优势,有一定竞争力。且早实、丰产、稳产性强、坚果大、壳面光滑、易取全仁,其中"温185"出仁率达65.9%,仁重10.4 g,壳薄仁香,为纸皮原果销售品、脱衣核桃的不二品种,具有极高的性价比,有特殊的香味,颇受市场热捧。"新新2号"普遍用于加工顶级品质的核桃仁,国内炒货已连续3年使用"新新2号"代替进口核桃,预计对"新新2号"的用量会进一步加大,当然对原核桃品质的要求也会进一步提升。

(3)政策鼓励。"一带一路"向西战略、"中欧班列"的开通,有助于新疆核桃重新杀入国际市场。乡村振兴战略及《中央农村工作条例》,为"产业兴旺"提供了坚实的组织保障。

(4)新疆有种植传统。核桃种植投入成本低,管理简单,农民喜爱,适于规模化与高效率发展。

（二）劣势

以生态造林方式建园，存在"重造轻管"的现象。早实品种早衰，经济寿命短，果实生长发育期短。"新新 2 号"核仁不充实，苦涩味较重；"温 185"壳太薄，易受微生物污染、冻害、日灼、腐烂病、焦叶病严重影响质量。核桃产业有关技术、标准不统一，采后管理较弱，虽有规模优势，但分散的农户种植模式难以形成标准程度高、竞争力强的产品优势，各界对"良种良法良肥"缺乏统一的认识，采后环节投入不足，靠天吃饭情况普遍。技术熟化程度低，品种混杂，间作物不合理，低产园比重大，管理投入不到位，产量低而不稳。采收简单粗放，粗加工不成规模，空壳、瘪壳、黑仁、霉变果分选不到位，商品化程度低，参与竞争不足。新产品开发乏力，精深加工不足。产品运距远，运输成本高，出路单一。

（三）挑战

中东欧、南美、中亚地区的核桃种植和产量在迅猛增长，会导致世界核桃市场更加激烈的竞争。

国际竞争的核心是价值竞争，从产品层面关注的是"观感、出仁率、白仁率、霉菌率"等内、外在指标。就竞争威胁而言，美国等国家会采取降价等反制策略与新疆核桃竞争，未来国际竞争会更加激烈和残酷。

内地省份生产成本较低；劳动力充裕，素质较高；人口规模大，产地距大市场近，市场销售便利；加工企业多，资金雄厚，技术先进；市场信息渠道多，便于经营决策。相较之下，新疆核桃产业面临以下痛点：果农种植缺乏系统性技术指导，采后环节投入不足，管理粗放；销售难，被中间渠道压级、压价，无法直接对接加工企业；投入资金缺乏，利息成本高；企业核桃收购数量难以保证，农户分散经营，核桃质量难以保障；市场消费者选择渠道有限，更缺乏知情权，核桃中间流通环节太多、成本高，消费者无法分辨优劣，劣品驱逐优品；政府提质增效效果不明显，市场抓手缺乏。

（四）对策

新疆作为世界六大果品生产带之一，具有发展特色林果业得天独厚的自然条件优势、名特优林果品种资源优势和生产优势。核桃销售价格连年下行，主要原因是生产技术和生产方式落后，品种和间作套种混乱，无序发展低值产品，分级不到位，商品性差，新产品开发乏力，产品出路单一。为此，提出如下对策建议。

（1）规模化。核桃管理简单、便于储藏运输，是新疆农民收入的支柱产业。要切实保护农民利益，形成适宜区发展优势品种、省力化模式，次宜区控制，不适区坚决逐步退出的格局，避免单品种数量过大导致价格大幅下滑，形成产业危机。新疆核桃的规模化与高效率是中国现代核桃产业发展的希望，加强投入品的引导、监管，促进适度规模经营、专业化生产，提升有机、绿色果品供给能力，如此，新疆核桃才可以担当大任，引领产业发展。

（2）良种化。根据不同用途选育砧木品种、用材料品种、绿化品种等专用品种。引进新品种，扩大新疆核桃品种类型。良种选择要从早实高产转向以市场需求为主的新思路，要改善外观和风味，出整仁，缝合线紧密（缝合线紧密度需达250 N 以上）。品种改良，对品种不对路的实生杂树、老品种、多品种核桃生产园进行品种改优。品种评价，对现有主栽品种或其他具有优良性状的品种资源进行系统评价，为精准利用打好基础。

（3）标准化。推进省力化建园模式，疏密，改造低产园，简化关键措施，加强灾害防控体系建设，提高修剪、施浇肥水、病虫防治、花果管理、适时采收的到位率，切实推进供给侧结构改革。要解决核桃提质增效的关键问题，即好看、好吃、安全，白仁率高、出仁率高、霉菌率低、涩味轻是基本要求。提高白仁率，是提升价值的关键所在；降低霉菌率，降低投诉率；降低涩味，提高食品加工的竞争优势；提高组织化程度，从"要我干"变成"我要干"，扩大规模经营。

（4）产业化。推广、普及小型脱皮清洗机械与烘干设备和技术，及时脱青皮、清洗、烘干，引导广大农户积极参与到核桃仁的加工与销售当中去，延长销售时间。联动银行低息贷款，政府为贷款贴息，用好中央财政的3%贴息率，引导大企业与主产乡镇建成战略联盟。提高果渣和残次果的综合利用，降低加工成本，提高产品档次，提升新产品开发能力，将果品"吃干榨尽"，充分利用残次果形成全产业链，增强果品就近就地转化能力，构建以乡（镇）林果产品粗加工、分级为基础，以地区（县、市）深加工为龙头的产业链。

（5）专业化。加大科技培训，促进科技成果进村入户。组织开展关于简约化栽培和新品种、新材料、新技术、新模式的观摩考察活动，提高政、产、学、研、用合作创新的效率，积累政府宏观调控决策经验，增强引领和服务的信心。支持建设交易市场，拓展消费渠道，宣传品牌、开拓市场。

第二章 新疆核桃主要品种介绍

第一节 主要分类

新疆地域辽阔，自然条件差异大，由于种质不同及长期受地域性自然条件的影响，形成了以和田为代表的晚实大果核桃实生类群、以阿克苏为代表的早实核桃实生类群，以及伊犁巩留县历史遗留下来的天然核桃实生类群。在各核桃实生类群中，都有早、晚实类型核桃，其丰产性、抗逆性及坚果品质等各具优劣。长期以来，品质各异的核桃的各单株间相互杂交，形成了种质极为繁杂、坚果品质千差万别的实生群体。

一、和田大果

主要分布于新疆西南部的和田、墨玉、皮山及叶城等县，大都为晚实核桃，坚果重 20 g 以上，最重可达 30 g 左右，壳厚 1.5～2.0 mm，出仁率为 40%左右，品种和优株可达 50%以上，果仁饱满，内褶壁及横隔膜较发达，仁色较深，可取半仁或 1/4 仁；树势旺盛，一般成年树高 15～20 m，树冠为圆头形和圆柱形，中央主干明显，枝条稠密，内膛空虚，多以树冠外围结果；以长、中果枝结果，长者可达 60 cm 以上，发枝力较强，果枝率较低，一般为顶芽结果，侧果枝率约 10%；以单果为主，很少 2 果或 8 果，盛果期在 40 年后株产量可达 100 kg 以上。该实生类群以坚果大为其特色，树体高大、生长健壮、抗逆性强、寿命长，但盛果期较晚，坚果充实度较差，宜作为果林兼用及育种材料。该类群已形成的品种有"新巨丰""新温 233 号"及"和春 6 号"等，代表优株有"和上 12 号""和春 7 号"

及"和春10号"等。

二、阿克苏早实

主要分布于新疆南部塔克拉玛干北缘的乌什、阿克苏、温宿、库车及新和等县、市，早实核桃所占比例一般为5%，但在乌什县约占50%，在该县海拔1 400～1 500 m范围内，约占60%，坚果重12 g左右，果壳厚0.8～1.5 mm，出仁率50%左右，优株在55%～60%。果仁饱满，仁色浅，内褶壁及横隔膜不发达，易取全仁或半仁，成年树高6～12 m，树冠开张，多呈开心形和疏层形，枝条粗壮而稀疏，内外结果均匀；以短、中果枝结果，发枝力强，果枝率为70%～100%，雌花序可着生一至多朵雌花，具穗状、丛状、腋间、雌雄同穗及二次结果等开花结实性状。盛果期在10～15年后株产量可达50 kg以上。该实生类群以结实早为其特色，与晚实核桃相比，树体较矮、长势中庸，寿命较短，抗逆性较差，但每平方米冠影（冠幅投影面积）产仁量较高，坚果品质较好，宜适当密植并施行集约栽培。该类群代表品种有"新温186号""新丰""新早丰"等，代表优株有"新叶15号""乌火14号""乌91号"等。

三、新疆野核桃

新疆野核桃分布在天山西部伊犁谷地巩留县南部伊什基里克山北麓，江嘎德萨依（哈萨克语：核桃沟）沟系内，北纬43°22′、东经82°16′，野核桃垂直分布在海拔1 270～1 700 m，集中分布带在1 300～1 500 m，集中分布面积约300 km^2，散生林面积约150 km^2。

野核桃4月上旬萌芽，4月下旬至5月上旬开花，9月坚果成熟，10月落叶。少数植株可开二次雄花，具早实核桃性状，一般8～10年开始结果，大多数雌花序可着生2朵以上雌花，最多可达6朵之多。坚果大致可分为3种果形：圆形、尖形和椭圆形，坚果体积为12～16 cm^3，果壳厚1.1～1.9 mm，出仁率为38%～48%，薄壳核桃个别单株出仁率可达60%左右，含脂肪率为66%～68%，果仁色浅、味浓香。

新疆野核桃与栽培核桃具有"直系"亲缘关系，研究其发生发展规律，提高其生产力，将为充分利用浅山区发挥作用。

第二节 主要良种

新疆核桃栽培历史悠久，种质资源异常丰富。新疆核桃良种选育工作自 20 世纪 50 年代开始至 90 年代初，先后选育出 26 个核桃新品种，其中多个品种成为国家级优良品种，表现为结实早、坚果大、品质优良、丰产性及适应性强。

一、扎343号

由严兆福等于 1963 年从新疆林业科学院扎木台木本油料试验站实生核桃园中选出，1978 年定名，主要栽培于新疆阿克苏、和田地区及北京、陕西、山西、河南、辽宁等省份。

坚果呈卵圆形，果基圆，果顶小而圆，纵径 4～6 cm，横径 3.6 cm，侧径 3.8 cm，平均 4.0 cm；坚果重 16.4 g，壳面光滑、色浅，缝合线窄而平，结合较紧密，壳厚 1.16 mm，内褶壁薄，横隔膜膜质，易取整仁，仁重 8.9 g，出仁率为 54%，果仁含脂肪率为 67.5%，味香；产量上等，稳产。

树冠开张，树势较强，生长旺盛，小枝较细，结果母枝平均发枝 2.5 个，果枝率达 98%，嫁接后第二年开始结果。

每个雌花序可着生 1～8 朵雌花，双花及三花约占 60%，多单花，雄先型，雄花期 4 月中下旬，雌花期 5 月上旬。9 月上旬果成熟，11 月上旬落叶；耐干旱，较耐粗放管理，抗病害力较强。

扎343号　　　　扎343号

二、新丰

由郑炎甫等于 1976 年从新疆和田县上游公社（现拉依喀乡）4 管区 2 大队 2 生产队农民买合买提·吐逊私人宅旁选出。原代号为"和上 10 号"，1986 年定名。主要栽培于新疆和田、喀什及阿克苏地区。

坚果呈长圆形，果基小而平，果顶凸而尖，纵径 4.5 cm，横径 3.4 cm，侧径 3.3 cm，平均 3.7 cm；坚果重 18.0 g，壳面较光滑，色较深，缝合线较凸出，结合紧密，壳厚 1.3 mm，内褶壁较发达，横隔膜革质，易取半仁，出仁率为 53.1%；果仁充实饱满、味香，重 7.8 g，含脂肪率为 71.2%；产量上等。

树体健壮，树冠开张，平均发枝 2.95 个，果枝率为 89.8%，果枝平均坐果 1.84 个，嫁接后第二年即可开花。

果枝单花率为 29%，双花率为 60.1%，三花率为 10%，多花率为 0.9%，4 月中旬开花，雌花先开 4～5 天，坚果 9 月上旬成熟，11 月上旬落叶；较耐干旱，对病虫害有较强的抵抗力。

当年生果枝呈绿褐色，节间稍长；混合芽馒头形，大而饱满，具芽座，叶大而浓绿，小叶多为 5～8 片，具畸形单叶。

该品种树势强，丰产稳产，适应性强，产量上等；坚果品质优良，宜作带壳销售品种，适宜在新疆各核桃产区及西北、华北地区栽培。

新丰　　　　　新丰

三、新温81号

由张树信等于 1984 年从新疆温宿县木本粮油林场实生核桃园"扎 465 号"子一代植株中选出，试验编号"OB81 号"，1990 年定名，主要栽培于新疆阿克苏、喀什等地区。

坚果呈椭圆形，果顶、果基圆，果尖稍凸，纵径 4.1 cm，横径 3.1 cm，侧径 3.2 cm，平均 3.4 cm；坚果体积为 18.08 cm^3，重 10.93 g，壳面较光滑，色浅，壳厚 0.88 mm，内褶壁退化，横膈膜膜质，易取整仁，出仁率为 61.4%；果仁充实饱满、色浅、味浓香，无苦涩感，重 6～7 g，含脂肪率为 67.4%；早期丰产性明显，盛果期产量中等，冠影每平方米产果仁 209 g，大小年不明显。

树势强，生长旺盛，树冠开张，结果母枝平均发枝 3.4 个，果枝率为 91.2%，具二次生长枝，嫁接后第二年即可开花。

雌花序可着生 1～4 朵雌花，单花率为 33.8%，双花率为 50.7%，三花率为 9.9%，四花率为 5.6%，果枝平均坐果 1.7 个；花期 4 月中旬至 5 月上旬，雄花先开 4～6 天，8 月上旬、中旬坚果成熟，11 月上旬落叶；较耐干旱，在栽培条件较差的地区也能丰产。

当年生枝呈绿褐色，较粗壮，短果枝率为 82.6%，中果枝率为 15%，长果枝率为 2.4%，混合芽大而饱满，馒头形，无芽座，复叶 3～7 片，具畸形单叶，叶片小，深绿色。

该品种适应性强，早期丰产性强，盛果期产量中等；坚果小，品质特优，尤宜带壳销售生食或带壳加工，适宜在栽培条件较好的地区实行集约化栽培。

新温81号

新温81号

四、新温 179 号

由张树信等于 1983 年从新疆温宿县木本粮油林场实生核桃园"扎 63 号"子一代植株中选出，原代号为"OB179 号"，1990 年定名，主要栽培于新疆阿克苏、喀什等地区。

坚果呈圆形，果顶、果基圆，纵径 4.5 cm，横径 3.8 cm，侧径 4.1 cm，平均 4.1 cm；坚果体积为 84.9 cm^3，重 15.94 g，壳面光滑，色浅，缝合线平，结合较紧密，壳厚 0.86 mm，内褶壁退化，横隔膜膜质，易取整仁，出仁率为 61.4%；果仁充实饱满、色浅、味香，重 9.8 g，含脂肪率为 70.4%；早实性较强，盛果期冠影每平方米产果仁 339.1 g，大小年不明显。

树势较强，树冠开张，结果母枝平均发枝 2.95 个，果枝率为 93.2%，嫁接后第二年即可开花。

雌花序可着生 1～3 朵雌花，单花率为 27.3%，双花率为 67.3%，三花率为 5.4%，果枝平均坐果 1.78 个；花期 4 月中旬至 6 月初，雌花先开 8～10 天，9 月中旬坚果成熟，11 月上旬落叶；较耐干旱，能耐-25℃低温，少有病虫害。

当年生枝呈灰绿色，小枝粗壮，短果枝率为 50%，中果枝率为 46.4%，长果枝率为 3.6%，具二次生长枝；单或复芽，混合芽大而饱满，馒头形，无芽座，复叶 3～9 片，具畸形单叶，顶叶大而肥厚，深绿色。

该品种适应性较强，早期丰产性强，盛果期产量上等，坚果光滑美观，品质特优，宜带壳销售或进行加工，适宜在栽培条件较好的地区集约栽培。

新温179号　　新温179号

五、新萃丰（温 10 号）

由张树信等于 1979 年从新疆温宿县土木秀克公社 7 大队 3 小队农田中选出，原代号为"温 10 号"，1989 年定名，2004 年通过自治区林木良种委员会审定。

坚果呈椭圆形，果基、果顶稍小而圆，果尖稍凸；纵径 4.6 cm，横径 3.5 cm，侧径 3.6 cm，平均 3.9 cm；坚果体积为 30.9 cm³，重 17.0 g，壳面较光滑，淡褐色，缝合线微凸，结合紧密，壳厚 1.25 mm，内褶壁中等，横隔膜革质，易取仁，出仁率为 50.6%；果仁饱满、色浅、味香，重 8.8 g，含脂肪率为 68.5%；早期产量稍低，盛果期冠影每平方米产果仁 249.6 g。

树冠开张，发枝力较强，结果母枝平均发枝 1.95 个，果枝率为 100%，嫁接后第二年即可开花。

雌花序着生 1～6 朵雌花，单花率为 6.98%，双花率为 16.28%，三花率为 53.49%，多花率为 23.25%，果枝平均坐果 3.09 个；花期 5 月初至中旬，雌花先开 7～10 天，坚果 9 月中旬成熟，11 月上旬落叶；较耐干旱及粗放管理，抗寒及抗病能力较强。

当年生枝呈深褐色，枝条较细较稀，短果枝率为 92.3%，中果枝率为 7.7%；芽型中等，饱满；复叶 5～9 片，呈长椭圆形，较小，深绿色。

该品种长势较强，树冠较大，适应性强，产量中上等；坚果品质优良，宜带壳销售作生食，适宜林农间作栽培和作育种材料。

新萃丰（温10号）　　新萃丰（温10号）

六、新乌 417 号

由张树信等于 1980 年从新疆乌什县城镇私人院内选出，1990 年定名，主要栽培于新疆阿克苏、喀什等地区。

坚果呈卵圆形，果基圆，果顶稍小而圆，果尖稍凸，纵径 1.2 cm，横径 3.7 cm，侧径 4.1 cm，平均 4.0 cm；坚果体积为 33.1 cm³，重 17.08 g，壳面光滑，色浅，缝合线较窄而平，结合紧密，果壳厚 1.12 mm，内褶壁退化，横隔膜膜质，易取整仁，出仁率为 56.8%；果仁饱满、色浅、味香，重 9.7 g，含脂肪率为 64.9%；早期丰产性强，盛果期冠影每平方米产果仁 232.6 g，稳产。

树势强，树冠开张，生长旺盛，小枝粗壮，浅绿色；结果母枝平均发枝 3.85 个，果枝率为 90.9%，嫁接后第二年即可开花。

雌花序可着生一至多朵雌花，单花率为 49.6%，双花率为 36.6%，三花率为 7.3%，多花率为 6.5%，果枝平均坐果 1.73 个；花期 4 月中旬至 5 月初，雌花先开 8～12 天，具二次雄花，9 月上旬坚果成熟，11 月上旬落叶；较耐干旱，水分过多，易落果，抗病性较强。

当年生枝呈淡绿色，具二次生长枝，短果枝率为 70.4%，中果枝率为 26.3%，长果枝率为 3.3%；混合芽大而饱满，馒头形，复叶 3～7 片，具畸形单叶，顶叶大而深绿。

该品种长势较强，早期丰产性较强，盛果期产量中上等，嫁接繁殖成活率较低；坚果品质优良，带壳销售或加工均可，宜在条件较好的地区实行集约栽培。

新乌417号

新乌417号

七、新光

由郑炎甫等于1979年从新疆新和县排先把扎公社坤托合拉克大队1生产队村旁选出，1985年定名，原优树号为"新8号""新排4号"。主要栽培于新疆阿克苏、和田等地区。

坚果呈蟠桃形，果基平，中间稍凹，果顶稍小而凹，纵径3.8 cm，横径4.3 cm，侧径4.1 cm，平均4.1 cm；坚果重17.5 g，壳面光滑，色较深，缝合线平，果壳厚1.7 mm，内褶壁中等，横隔膜较易除去，易取半仁，出仁率为50.5%；果仁饱满、色较深、味香，重9.0 g，含脂肪率为68.1%；产量中上等。

树势较强，树冠开张，发枝2.1个，果枝率为95%，平均果枝坐果1.7个，嫁接后第二年即可开花。

雌花序可着生1~3朵雌花，单花率为36.8%，双花率为61.8%，三花率为1.4%；花期4月中下旬，雌花先开8~10天，9月中旬坚果成熟，11月上旬落叶；较耐干旱，抗寒、抗病性较强。

当年生枝呈绿色稍褐，以中、长果枝为主，混合芽馒头形，大而饱满，无芽座，由3~9片小叶组成复叶。

该品种适应性较强，产量中上等；坚果外观好，品质优良，尤宜带壳销售；适宜在新疆各核桃产区、西北及华北地区栽培。

新光　　　　　新光

八、温185号

由张树信等于1983年从新疆温宿县木本粮油林场实生核桃园"卡卡孜"子一代植株中选出，原代号为"OB185"，1989年定名。主要栽培于新疆阿克苏、喀什等地区，已在河南、陕西、山西及辽宁等省扩试。

坚果圆，果基圆，果顶渐尖，似桃形；纵径4.7 cm，横径3.7 cm，侧径3.7 cm，平均4.0 cm；果重16.8 g，壳面光滑，色浅，缝合线平或稍凸，结合较紧密，壳厚0.8 mm，内褶壁退化，横隔膜膜质，易取整仁，出仁率为65.9%；果仁充实饱满、色浅、味香，重10.4 g，含脂肪率为68.3%；早期丰产性极强且稳产，嫁接后第5年（砧木7年）冠影每平方米产果仁452 g。

树势强，树冠较开张，小枝粗壮，结果母枝平均发枝4.6个，果枝率为100%，嫁接后第二年即可开花。

雌花序可着生1～4朵雌花，单花率为38.1%，双花率为31.5%，三花率为23%，四花率为7.4%。花期4月中旬至5月上旬，雌花先开6～7天，具二次雄花，8月下旬坚果成熟，11月上旬落叶；较耐干旱，抗寒、抗病性强。

当年生枝呈深绿色，较粗壮，短、中果枝结果，短果枝率为69.2%，中果枝率为30.8%，具二次生长枝；混合芽大而饱满，雌雄花芽比为1∶0.7，无芽座，复叶由3～7片组成，具畸形单叶。

该树种抗逆性强，早期丰产性极强，坚果品质特优，尤宜带壳销售作生食用；适宜营建密植丰产核桃园，实行集约化栽培。

温185号

温185号

九、新早丰

别名"温早丰"，由张树信等于 1979 年从新疆温宿县吐木秀克公社兰干大队私人宅旁选出，1989 年定名，主要栽培于新疆阿克苏、喀什及和田地区，已在河南、陕西、辽宁等省扩种。

坚果呈椭圆形，果基圆，果顶短小，果尖稍凸；整果纵径 4.1 cm，横径 3.5 cm，侧径 3.5 cm，平均 3.7 cm；坚果体积为 27.7 cm³，重 13.1 g，壳面光滑，色浅，缝合线平，结合紧密，壳厚 1.23 mm，内褶壁中等，横隔膜革质，出仁率为 51%；果仁饱满、色浅、味香，重 6.7 g，含脂肪率为 66.6%；早期丰产性极强，盛果期冠影每平方米产果仁 569.7 g。

树冠开张，结果母枝平均发枝 7.6 个，果枝率为 100%；混合芽大而饱满，馒头形，多为复芽，主副芽分离，主芽具芽座，嫁接后第二年即可开花。

雌花序可着生一至多朵花，单花率为 15%，双花率为 52.6%，三花率为 20%，多花率为 12.4%，平均果枝坐果 2.28 个；花期 4 月中旬至 6 月上旬，雄先型，雄花先开 15～20 天，具二次雄花，9 月上旬坚果成熟，11 月上旬落叶；较耐干旱、抗寒、抗病性强。

当年生枝呈绿褐色，小枝粗壮，短果枝率为 43.8%，中果枝率为 55.6%，长果枝率为 0.6%；复叶 3～7 片，具畸形单叶，顶叶大面深绿色。

该品种长势中等，因其早期丰产性强、坚果品质优良，须实行集约栽培管理，才能充分发挥其优良特性，否则，待其树势衰退，抗逆性及坚果品质会有所下降。

新早丰

新早丰

十、新新 2 号

由新疆林业厅组织有关单位于 1979 年从新和县依其里克乡吾宗卡其村的菜田中选出，张树信等将其形成品种，1990 年定名，主要栽培于新疆阿克苏、喀什等地区。

坚果呈长圆形，果基圆，果顶稍小，平或稍圆，纵径 4.4 cm，横径 3.3 cm，侧径 3.6 cm，平均 3.7 cm；坚果体积为 24.2 cm^3，重 11.53 g，壳面光滑，浅黄褐色，缝合线窄而平，结合紧密，壳厚 1.2 mm，内褶壁退化，横隔膜中等，易取整仁，出仁率为 53.2%；果仁饱满、色浅、味香，重 6.28 g，含脂肪率为 65.3%；早期丰产性强，盛果期冠影每平方米产果仁 324.3 g，稳产。

树冠较紧凑，结果母枝平均发枝 1.95 个，果枝率为 100%，嫁接后第二年即可开花。

雌花序可着生一至四朵雌花，单花率为 26.4%，双花率为 48.6%，三花率为 22.2%，四花率为 2.8%，果枝平均坐果 2.01 个；花期 4 月下旬至 5 月上旬，雄花先开 10 天左右，具二次雄花，坚果 9 月上中旬成熟，11 月上旬落叶；较耐干旱和-25 ℃低温，抗病性较强。

当年生枝呈绿褐色，小枝稍细长，具二次生长枝，短果枝率为 12.5%，中果枝率为 58.3%，长果枝率为 29.2%；单或复芽，混合芽大而饱满，馒头形，无芽座，复叶 3～7 片，具畸形单叶，叶片较小，深绿色。

该品种长势中等，树冠较紧凑，适应性强，适宜密植，早期丰产性强，盛果期产量上等，坚果品质优良，宜带壳销售，尤宜集约密植。

新新2号

新新2号

十一、和春 06 号

由郑炎甫等于 1977 年从新疆和田县春花公社（现巴格其镇）6 管区 8 大队 4 生产队农田中选出，1991 年定名，主要栽培于新疆阿克苏、和田地区。

坚果呈长卵形，果基圆，果尖稍凸；坚果体积为 49.5 cm³，果重 25.2 g，壳面较光滑，色较深，缝合线较平，结合紧密，坚果整齐端正；壳厚 1.5 mm，内褶壁中等，横隔膜较薄，易取仁，出仁率为 53.9%；果仁饱满、色较深、味香，重 13.6 g，含脂肪率为 71.2%；因其为晚实品种，前期产量较低，盛果期产量高，每平方米冠影产果仁 416 g，大小年不明显。

树势强，树冠开张，结果母枝平均发枝 1.2 个，果枝率为 69%，定植嫁接苗第 4 年、嫁接改造大树第 3 年即可结果。

雌花序平均开花 1.5 朵，单花率为 53.4%，双花率为 46.6%；花期 4 月中旬至 5 月上旬，雌花早开 5～6 天，9 月中、下旬坚果成熟，11 月上旬落叶；较耐干旱，可抵御–25℃低温。

当年生枝呈淡褐色，较细较长，以中、长果枝为主，短果枝率为 5%，中果枝率为 65%，长果枝率为 30%；单或复芽，芽较小，紧靠叶腋，小叶 5～11 片，多为 7 片组成复叶。

该品种为晚实大果型品种，生长旺盛，适应性强，丰产性强，坚果大而品质优良，尤宜带壳销售，适宜栽培在条件较好的地区。

十二、和上 01 号

由郑炎甫等于 1976 年从新疆和田县上游公社（现拉依喀乡）1 管区 3 大队 2 生产队农田中选出，1991 年定名，主要栽培于阿克苏地区。

坚果呈短卵形，果顶、果基圆；体积为 88.4 cm³；单果重 17.8 g，壳面光滑，缝合线平，结合紧密，淡褐色，果壳厚 1.20 mm，内褶壁中等，横隔膜易除去，易取整仁，出仁率为 56.1%；果仁充实饱满、色浅、味香，重 9.8 g，含油率为 69.7%；丰产性强，冠影每平方米产果仁 467 g，大小年不明显。

树势较强，树冠较开张，小枝粗壮，平均发枝 2.0 个，果枝率为 87.8%，嫁接后第二年即可开花。

雌花序着生双花率为 60%，花期 4 月中旬至 6 月上旬，雌雄花期基本一致，可开二次雄花，坚果 9 月上中旬成熟，落叶期 11 月上旬；较耐干旱，能耐−25℃低温，不易发生病虫害。

当年生枝条粗壮，呈青绿色，混合芽大而饱满，馒头形，无芽座；小叶大而深绿色，复叶 7～8 片，偶有 4 片小叶。

该品种长势强，适应性强，产量中上等，坚果品质优良，适宜带壳销售，宜在水肥条件较好的地区发展。

和上01号　　　　和上01号

十三、和上 15 号

由郑炎甫等于 1976 年从新疆和田县上游公社（现拉依喀乡）5 管区 2 大队 3

生产队居民点选出，1991年定名，主要栽培于新疆阿克苏、和田地区。

坚果呈短卵形，果基圆，果顶稍小而圆；坚果体积为 25.3 cm³，坚果重 14.9 g，壳面较麻，浅褐色，缝合线较平，结合紧密，壳厚 1.4 mm，内褶壁退化，横隔膜膜质，易取全仁，出仁率为 50.1%；果仁充实饱满、色稍深、味香，重 7.4 g，含脂肪率为 61.9%；产量中等，冠影每平方米产果仁 834 g，大小年不明显。

树势较强，冠形紧凑，分枝力强，平均母枝发枝 3 个，果枝率为 100%，嫁接后第二年即可开花。

雌花序着生单花率为 33.3%，双花率为 59.3%，三花率为 7.4%；花期 4 月中旬至 5 月初，雌先型，雌花先开约 7 天，9 月上中旬果实成熟，11 月上旬落叶；较耐干旱，能抵御−25℃的低温。

当年生枝呈青绿色，中短果枝结果，短果枝率为 71.4%，中果枝率为 28.6%；芽大，侧芽远离叶腋，无芽座，小叶 7～8 片组成复叶，顶叶较大。

该品种长势强，适应性强，产量中等，坚果品质优良，宜带壳销售，适宜在水肥条件较好的地区发展。

和上15号　　和上15号

十四、库三02号

由郑炎甫等于 1978 年从新疆库车县三道桥公社（现三道桥乡）玉斯屯霍加艾热克大队 1 生产队农民热孜纳赛尔的果园中选出，1991 年定名，主要栽培于新疆阿克苏地区。

坚果呈椭圆形，果基稍小而圆，果顶渐小而微凸，坚果体积为 28.1 cm³，重

15.1 g；壳面较麻，色浅，缝合线平，结合稍松；壳厚 1.26 mm，内褶壁退化，横隔膜膜质，易取仁，出仁率为 58.1%；果仁充实饱满、色稍深、味香甜，重 8.8 g，含脂肪率为 72.3%；具早期丰产特性，盛果期冠影每平方米产果仁 365 g。

树势强，树冠开张，结果母枝平均发枝 1.95 个，果枝率为 100%，嫁接后第二年即可开花。

每个雌花序着生单朵或双朵雄花，单花率为 61.8%，双花率为 38.2%，平均坐果 1.4 个；花期 4 月下旬至 6 月初，雌花先开 1～6 天，有二次雄花，坚果 9 月中旬成熟，11 月上旬落叶；较耐干旱，能抵御-25℃低温。

当年生枝呈绿褐色，较细弱；以中果枝结果为主，短果枝率为 15.4%，中果枝率为 69.2%，长果枝率为 15.4%；单或复芽，中等大小，离开叶腋，小叶 3～7 片，5 片小叶为多，具畸形单叶。

该品种早期丰产性强，坚果品质优良，由于缝合线稍松，适宜在条件较好的地区集约栽培。

库三02号　　库三02号

十五、乌火 06 号

由郑炎甫等于 1979 年从新疆乌什县火箭公社（现奥特贝希乡）9 大队 6 小队私人果园中选出，1991 年定名，主要栽培于新疆阿克苏地区。

坚果呈圆形，果基、果顶圆，坚果体积为 253 cm³，重 14.1 g，果壳较麻，色浅；缝合线窄，稍凸，结合紧密；果壳厚 1.1 mm，内褶壁中等，横隔膜革质，易取仁，出仁率为 58.1%；果仁饱满、色较浅、味甜香。重 7.6 g，含脂肪率为 68.8%。早期丰产性强，冠影每平方米产果仁 334 g。

树势中庸，树冠开张，结果母枝平均发枝 1.7 个，果枝率为 69.5%，嫁接后第二年即可开花。

雌花序可着生单或双花，单花率为 44.6%，双花率为 55.4%，果枝平均坐果 1.8 个，花期 4 月中旬至 5 月初，雌花先开 7～8 天，9 月上旬果成熟，11 月上旬落叶；较耐干旱，很少病虫害，能抵御–25℃低温。

当年生枝呈青绿色，较粗较短，短果枝率为 28.4%，中果枝率为 71.6%；芽大、馒头形，侧芽远离叶腋，无芽座，小叶 3～7 片，具畸形单叶，顶叶较大，深绿色。

该品种长势中等，适应性强，早期丰产性强，坚果品质优良，宜作加工品种，适宜在条件较好的地区实行密植集约栽培。

乌火06号　　乌火06号

十六、新露

由郑炎甫等于 1979 年从阿克苏地区实验林场核桃实生园中选出，原代号"2994"，自治区统一编号"阿林 10 号"，1985 年定名，主要栽培于新疆阿克苏、和田等地区。

坚果呈扁圆形，纵径 4.6 cm，横径 8.8 cm，侧径 4.5 cm，平均 4.3 cm；坚果重 19.5 g，壳面光滑，残缺露仁，色浅，缝合线平，结合较紧密，壳厚 1.4 mm，内褶壁退化，横隔膜膜质，易取整仁，出仁率为 52.3%；仁重 10.2 g，含脂肪率为 68%，味香；产量中下。

树势较强，树冠开张，平均发枝 1.7 个，果枝率为 88.0%，嫁接后第二年即可开花。

每个雌花序多着生 1～2 朵雌花，少有 3 花，雌雄花异熟，雌花先开 9～10 天，花期 4 月中下旬，坚果 9 月中旬成熟，11 月上旬落叶；较耐干旱，能抵御–25 ℃低温，不易发生病虫害。

当年生枝呈黄绿色，以中、长果枝为主；混合芽大而饱满，无芽座，小叶 3～7 片组成复叶。

该品种适应性强，产量较低，坚果大而露仁，性状稳定，是宝贵的育种材料和当地加工品种，适宜在肥水条件较好的地区栽培。

十七、新温 233 号（大木马）

由张树信等于 1984 年从新疆温宿县木本粮油林场核桃实生园"和春 3 号"子一代植株中选出，原代号为"K233 号"，1990 年定名，主要栽培于新疆阿克苏、喀什等地区。

坚果呈椭圆形，果基圆，果尖凸出，纵径 6.4 cm，横径 4.5 cm，侧径 4.5 cm，平均 5.1 cm；坚果体积为 50.6 cm^3，坚果重 23.37 g，壳面较光滑，沿缝合线两侧有浅麻坑，浅黄褐色，缝合线窄面凸出，结合紧密，果壳厚 1.14 mm，内褶壁退化，横隔膜中等，易取整仁，出仁率为 55.13%；果仁充实饱满、色深、味甜香、无苦涩味，重 13.06 g，含脂肪率为 69.2%，早期丰产性较强，盛果期冠影每平方米产果仁 290.6 g，大小年不明显。

树势强，树冠开张，结果母枝平均发枝 4.3 个，果枝率为 89.5%，嫁接后第二年即可开花。

雌花序可着生 1～10 朵雌花，总果柄可分生多个果柄，具丛状结果、腋间结果等性状；单花率为 46%，双花率为 30.8%，三花率为 7.7%，多花率为 15.5%，果枝平均坐果 2.23 个；花期 4 月中旬至 5 月上旬，雌花先开 8～10 天，具二次雄花，9 月中旬坚果成熟，11 月上旬落叶；较耐干旱和-25℃低温，抗病能力较强。

当年生枝呈灰绿色，小枝粗壮，具二次生长枝，短果枝率为 27.1%，中果枝率为 54.3%，长果枝率为 18.6%；复芽，具柄，顶芽大而饱满，每鳞片内侧基部有一小混合芽，复叶 3～9 片，具畸形单叶，顶叶大而深绿色。

该品种长势强，适应性强，早期丰产性强，盛果期产量上等，坚果品质优良，尤宜带壳销售或作生食，是宝贵的育种材料，宜与农作物间种。

新温233号（大木马）　新温233号（大木马）

十八、新乌 417 号

由张树信等于 1980 年从新疆乌什县城镇私人院内选出，1990 年定名，主要栽培于新疆阿克苏、喀什等地区。

坚果呈卵圆形，果基圆，果顶稍小而圆，果尖稍凸，纵径 1.2 cm，横径 3.7 cm，侧径 4.1 cm，平均 4.0 cm；坚果体积为 33.1 cm^3，重 17.08 g，壳面光滑，色浅，缝合线较窄而平，结合紧密，果壳厚 1.12 mm，内褶壁退化，横隔膜膜质，易取整仁，出仁率为 56.8%；果仁饱满、色浅、味香，重 9.7 g，含脂肪率为 64.9%；早期丰产性强，盛果期冠影每平方米产果仁 232.6 g，稳产。

树势强，树冠开张，生长旺盛，小枝粗壮，浅绿色，结果母枝平均发枝 3.85

个，果枝率为 90.9%，嫁接后第二年即可开花。

雌花序可着生一至多朵雌花，单花率为 49.6%，双花率为 36.6%，三花率为 7.3%，多花率为 6.5%，果枝平均坐果 1.73 个；花期 4 月中旬至 5 月初，雌花先开 8～12 天，具二次雄花，9 月上旬坚果成熟，11 月上旬落叶；较耐干旱，水分过多，易落果，抗病性较强。

当年生枝呈淡绿色，具二次生长枝，短果枝率为 70.4%，中果枝率为 26.3%，长果枝率为 3.3%；混合芽大而饱满，馒头形，复叶 3～7 片，具畸形单叶，顶叶大而深绿。

该品种长势较强，早期丰产性较强，盛果期产量中上等，嫁接繁殖成活率较低，坚果品质优良，带壳销售或加工均可，适宜在条件较好的地区实行集约栽培。

新乌417号

新乌417号

十九、扎 71 号

由严兆福等于 1963 年从新疆林业科学院扎木台造林试验站核桃实生园中选出，1978 年定名，主要栽培于新疆阿克苏地区。

坚果呈倒卵形，果顶平或凹，果基小而圆，纵径 4.3 cm，横径 3.6 cm，侧径 89 cm，平均 4.0 cm；坚果重 13.6 g，壳面较光滑，色较深，缝合线平，结合紧密，壳厚 1.2 mm，内褶壁退化，横隔膜膜质，易取整仁，出仁率为 61.5%；果仁充实饱满、味香，重 7.5 g，含脂肪率为 70.9%；产量中等。

树势中等，树冠开张，结果母枝发枝 2.1 个，果枝率为 95%，平均坐果 1.0 个，嫁接后第二年即可开花。

每个雌花序着生单花或双花，4 月中下旬开花，雌花先开 2 天左右，异树和本树的雄花均可授粉、坐果，8 月下旬果成熟，11 月上旬落叶；较耐干旱，能耐−23～−25℃低温。

当年生枝呈绿褐色，枝条短粗，常形成丛状枝，混合芽近半球形，无芽座，小叶 3～7 片，具畸形单叶，叶大而深绿色。

该品种长势中等，早期丰产性强，适合在肥水条件较好的地区栽培，坚果品质优良，带壳销售或作深加工均可。

扎71号　　扎71号

二十、扎 200 号

由严兆福等于 1963 年从新疆林业科学院扎木台造林试验站核桃实生园中选出，1978 年定名，主要栽培于新疆阿克苏地区。

坚果呈扁圆形，果基圆，果顶稍凸，纵径 4.2 cm，横径 3.3 cm，侧径 3.8 m，平均 3.7 cm；坚果重 12.2 g，壳面光滑，残缺露仁，壳厚 5.86 mm，内褶壁退化，横隔膜膜质，易取整仁，出仁率为 59.8%～66.8%；果仁充实饱满、味香，重 7.3 g，含脂肪率为 72.7%；产量中等。

树势强，生长旺盛，树冠紧凑，有明显的中央主干，枝条粗壮，平均发枝 2.0 个，果枝率为 96%，嫁接后第二年即可开花。

每个雌花序多着生单花或双花，少有三花，果枝平均坐果 1.6 个；4 月中旬开花，雌花先开 4～7 天，有雌雄同序花及二次雄花，坚果于 9 月中旬成熟，11 月上旬落叶；较耐干旱，能耐−25℃左右低温。

当年生枝条呈黄绿色，混合芽较大而饱满，无芽座，多由 3～5 片小叶组成复叶，具畸形单叶。

该品种长势强，适应性强，产量中等，宜作当地加工品种及育种材料，适宜在肥水条件较好的地区栽培。

扎200号　　　　扎200号

二十一、扎210号

由严兆福等于 1963 年从新疆林业科学院扎木台造林试验站核桃实生园中选出。1978 年定名，主要栽培于新疆阿克苏地区。

坚果呈扁圆形，果基、果顶圆，纵径 4.2 cm，横径 3.5 cm，侧径 3.8 cm，平均 3.8 cm，坚果重 12.9 g，壳面光滑，色浅，缝合线平，结合较紧，壳厚 0.86 mm，内褶壁退化，隔膜膜质，易取整仁，出仁率为 55.2%；果仁饱满、色浅、味香，重 7.1 g，含脂肪率为 75.7%；产量中上等。

树体健壮，生长旺盛，树冠紧凑，小枝细软，平均发枝 1.6 个，果枝率为 90%，果枝平均坐果 1.7 个，嫁接后第二年即可开花。

每个雌花序可开单花或双花，雌雄花期在 4 月中下旬，雌花先开 5～6 天，具雌雄同序花穗，果熟期 9 月中旬，落叶期 11 月上旬；较耐干旱，能耐-25℃低温。

当年生枝呈黄绿色，较细，芽型中等而饱满，无芽座，小叶多为 6～8 片组成复叶。

该品种树势强，主干明显，早期丰产性好，适宜集约化栽培，坚果品质优良，宜带壳销售和加工。

扎210号　　　扎210号

二十二、新巨丰

由张树信等于 1988 年从新疆温宿县木本粮油林场核桃实生园"和春 4 号"优树子一代植株中选出，原代号为"温 246"，1998 年定名，主要栽培于新疆阿克苏地区，已被山西省引种试种。

坚果呈椭圆形，果基圆，果顶细圆、微尖，纵径 7.0 cm，横径 4.6 cm，侧径 4.9 cm，平均 5.5 cm；坚果体积为 65.0 cm^3，重 29.2 g，壳面较光滑，色较浅，缝合线稍凸，结合紧密，壳厚 1.38 mm，内褶壁中等，横隔膜革质，易取整仁，出仁率为 48.5%；果仁基部都不甚饱满，色稍深，味甜香，重 14.15 g，含脂肪率为 67.8%；产量上等，盛果期冠影每平方米产仁 307.8 g。

树势强，树冠开张，结果母枝平均发枝 3.7 个，果枝率为 81.1%，具二次生长枝，嫁接后第二年即可开花。

雌花序可着生 1～3 朵雌花，单花率为 52.9%，双花率为 35.23%，三花率为 11.8%，极个别出现 4 花，果枝平均坐果 1.8 个；花期 4 月下旬至 5 月上旬，雌花先开 8～10 天，9 月下旬坚果成熟，11 月上旬落叶；较耐干旱，能抵御-25℃低温，较耐盐碱，很少病虫害。

当年生枝呈绿褐色，小枝粗壮，短果枝率为 16.3%，中果枝率为 56.1%，长果枝率为 27.6%，混合芽大而饱满，雌雄花芽比为 1：0.5，复叶 3～9 片。

该品种长势强，抗逆性强，产量上等，坚果属特大型，是宝贵的早实大果型育种材料。

新巨丰　　新巨丰

第三节　专用品种

随着社会的发展与进步，人们对核桃的认识在不断加深，需求核桃品种也走向定向化、专用化，以充分发挥优良品性，实现良种最大效益。专用核桃品种主要包括加工品种、果材兼用品种。

一、加工品种

（一）仁用品种

出仁率为 50%～55%，仁色浅、味甜、无涩味；壳不易破裂，缝合线严密，果壳中厚（1.2～1.5 mm），适宜机械脱壳。代表品种有"扎 343""新新 2 号""新萃丰"等。

（二）油用品种

种仁含油率达 70%以上，不饱和脂肪酸含量达 90%以上，壳厚 1.1～1.5 mm，出仁率为 55%左右，易机械脱壳。丰产性中上，盛果期冠影每平方米产果仁 300 g以上，稳产。代表品种有"新丰""新温 179""库三 02 号"等。

（三）高蛋白品种

种仁蛋白质含量高于 18%，出仁率为 50%~55%；壳不易破裂，缝合线严密，果壳中厚（1.2~1.5 mm），适宜机械脱壳。

（四）生食品种

果壳薄而不露仁，壳厚 0.8 mm 左右，出仁率为 60%以上；内褶壁退化，横隔膜膜质，易取整仁；果仁色浅而丰满，味甜，涩味淡（无）。代表品种有"温185""新温 81""新温 179"等。

二、果材兼用品种

黑核桃原产北美洲，该树种不仅能提供珍贵的木材，而且其坚果外壳可作为高附加值的机械抛光材料，其核仁可加工为高档食品，被世界公认为经济价值最高的果材兼用、果材兼优的硬阔用材树种之一，是改变新疆生态经济林单一化的理想型城乡绿化树种之一，也是可在新疆形成产业链的潜在型树种之一。

黑核桃可作为砧木嫁接"温 185"或"新新 2 号"，树龄在 20 年以内的，可采收核桃果实作为主要收益，树龄超过 20 年后，可取原木作为珍贵木材。黑核桃木材结构紧密，力学强度高，耐压能力强，不翘不裂，纹理美观，色泽亮丽，且易加工，是高档家具、军工装备、建筑、装饰和工艺雕刻的理想用材。目前新疆林业科学院佳木试验站正积极开展相关科学研究，以推动黑核桃作为果材兼用树种的栽培，早日实现其经济价值。

第三章　育苗技术

第一节　苗圃地的选择和区划

苗圃地应选在背风、向阳、地势平坦、交通便利，具有灌、排水条件的地方。土层厚度在 1 m 以上，地下水位在 1.5 m 以下，pH 7.0～8.0 为宜，土壤为壤土或沙壤土，土壤总盐含量在 2.5 ‰以下。

苗圃地的区划应根据地形、面积而定，一般以道路、渠道为界将苗圃地划分为若干个区，包括播种区、嫁接苗区、大苗区及采穗区等。在地势宽阔、易遭风害的地区要设置防护林。

第二节　苗圃地的整地

整地是苗圃地土壤管理的主要措施。其作用在于通过整地翻动苗圃地表层土壤，加深土层，熟化深层土壤，增加土壤孔隙度，促进土壤团粒结构的形成，从而增加土壤的透水性、通气性；促进土壤微生物的活动，加快土壤有机质的分解，为苗木的生长提供更多的养分。整地包括深耕、做床或打垄等工作。

一、深耕

秋季深耕前，每亩施有机肥 2～4 t，耕深 25～30 cm，耕后灌足越冬水；次年春季播种前再浅耕一次，耕深 15～20 cm，耙细整平。

二、做床或打垄

核桃播种多采用平床。床宽 1.0～1.5 m，长度视地形而定，一般为 10～20 m。垄高 20 cm，垄顶宽 25～30 cm，垄中心距 70 cm，垄长 10～20 m。

第三节　播种育苗

一、采种

播种用的核桃应选择当地无冻害和病虫害的厚壳核桃实生树作为采种母树。种用核桃必须充分成熟，应在 60%以上青果皮开裂时采收。

用于培育砧木苗的种子，选用夹仁、壳厚 1.5 mm 以上的晚实核桃为宜，早实类核桃尤其是薄壳、内褶壁退化的品种核桃不宜使用。种用核桃应选择生长健壮，无病虫害的晚实、厚壳、夹仁核桃树所结的充分成熟的核桃。

二、贮藏

种子采收后即可秋播。贮存种子时要保持低温（–5～10℃），低湿（空气相对湿度 50%～60%）和通风。贮藏室应具通风、防治病虫和鼠害条件。一般是将种子装入麻袋或编织袋、木箱、桶等容器中进行贮藏。

三、种子处理

核桃的播种时期分为秋季播种和春季播种。秋季播种，核桃种子可在土壤中自然完成层积过程，因而可直接播种，但最好先将核桃种子用水侵泡 24 h，使种子充分吸水后再播种。春季播种，必须进行一定处理才能促进种子发芽，常用方法有如下几种。

（一）沙藏

沙子的湿度以手握成团、松手分成几块但不散开为宜，其含水率约为 30%。

沙藏分为室内沙藏和室外沙藏两种。

1. 室内沙藏

选择阴凉通风的房间或地下室，用砖砌成槽，先在槽底铺一层约 10 cm 厚的湿沙，然后一层种子一层湿沙，或种子与湿沙混合堆放，高度 50～60 cm，每隔 1 m 竖埋 1 个通气草把。注意保持沙子的温度，定期检查。

2. 室外沙藏

选择地势高、排水良好的背阴处，挖深 80～100 cm、宽 60～80 cm、长度视种子多少而定的沟，堆放方法如室内贮藏，只是在最上层封埋 40 cm 左右厚的湿土，呈屋脊形，四周挖排水沟。

（二）浸种

1. 冷水浸种

春播未经沙藏处理的种子可用此法。将精选过的种子放入容器中，倒入清水，加压重物，将漂浮的种子压入水中，每 2 天换一次水；也可将种子装入麻袋，放入流水中浸泡，经 5～7 天捞出，在强阳光下暴晒 2 h 左右，促使种子的缝合线开口即可播种；种子量较少时，也可将种子置于 25～30℃的室温中催芽，等 7～10 天种子吐白再进行播种。

2. 开水浸种

当时间紧迫，种子未经沙藏而又急需播种时可用此法。可将种子放入缸内，然后倒入比种子量多 1.5～2 倍的沸水，随倒随搅拌，2～3 min 后捞出播种，也可搅拌到不烫手时捞出种子，再倒入凉水中，浸泡一昼夜后捞出播种。此法只能用于中厚壳种子。因在杀死种子表面病原菌的同时，也有烫坏种子的可能，故一般不提倡用此法。

四、播种

（一）播种时期

核桃播种分为春播和秋播。

春播宜在土壤化冻后进行，一般以在 3 月下旬（和田、喀什地区）至 4 月上旬（阿克苏地区）为宜。春播种子经处理后，出苗率高，出苗整齐，是新疆核桃产区常用的播种方法。

秋播宜在土壤结冻前进行，一般在 10 月下旬（阿克苏地区）至 11 月上旬（和田、喀什地区）。秋播种子无须处理，来年春天出苗早，幼苗生长健壮，但存在出苗不整齐、易受鸟兽危害等问题。

（二）播种方式

手工点播可分为床播和垄播。

床播多采用宽窄行播种，即 100 cm 的床面可播种 4 行，床两边各留 5 cm 开播种沟，窄行距 20 cm，宽行距 50 cm，株距 15～18 cm。

采用垄播时，垄顶宽 30 cm，垄中心距 70 cm，每垄播种 2 行，株距 15～18 cm。

（三）播种量

播种量是指单位面积育苗地播种的数量。播种量的原则：用最少量的种子，达到最大的产苗量。播种量的大小取决于种子的大小、纯度和计划育苗量、育苗密度。一般每亩播种子 90～120 kg，产核桃苗 5 000～6 000 株。秋播应加大播种量，将损耗种子计算在内。

（四）播种方法

核桃为大粒种子，一般采用开沟点播。沟深 8～10 cm，种子平放，缝合线与地面垂直。覆土厚度根据土壤结构而定，沙壤土 5～8 cm，黏土 4～6 cm，予以压实。覆盖地膜，增温保湿。

发现有个别小苗顶出时，应及时撤除地膜。

五、砧木苗的管理

（一）补苗

当幼苗大量出土时，应及时检查。若发现缺苗严重，应及时补苗，以保证单位面积的成苗数量。补苗的方法：可用水浸催芽的种子重新点播，也可将边行或多余的幼苗带土移栽。

（二）灌水

覆盖地膜的播种地出苗前无须浇水，撤除地膜时应立即浇水，以后可15天左右浇1次水，8月下旬开始拉长浇水间隔期，进行控水，土壤结冻前应浇足越冬水。

（三）施肥

5月下旬，每亩施氮肥10～15 kg；7月上旬或中旬，每亩追施复合磷肥8～10 kg；8月中上旬每亩追施磷钾肥15～20 kg，叶面可喷施磷酸二氢钾。

（四）中耕除草

撤除地膜时，浇水后应立即拔除杂草，此后，可利用人工、机械和除草剂清除杂草，做到表土疏松而无杂草。

（五）防止日灼

幼苗出土后，如遇到高温易被灼伤，因此，出苗后应及时将薄膜抠开，将幼苗解放出来。也可在地面覆草，降低地温。

（六）病虫害防治

核桃幼苗病虫害主要是青叶蝉、蚜虫及腐烂病等。

青叶蝉、蚜虫的防治方法：可用40%乐果乳油1 500～2 000倍液，50%杀螟松乳油800～1 000倍液喷杀。在药液中加等量多菌灵可防治腐烂病。

（七）越冬保护

冬季常出现-20℃的低温地区及干旱风多发地区，除了及时控水、促进苗木枝干木质化外，越冬前苗木根茎部应培土、埋土；野兔、鼠危害较重地区，要防止苗木茎部和根系被啃食。

第四节　嫁接育苗

一、采穗圃的营建

核桃产区都要建立核桃采穗圃，当采穗任务完成后即可改为生产园。

采穗圃的建立方式主要有以下三种：

1. 现有生产性品种园改建

对现有生长势较好、品种纯正、树龄10~20年的生产性核桃品种园，通过对枝干回缩、短截等修剪手段，促其萌发新枝，以提供品种核桃穗条。

此法见效最快，且穗条产量高。

2. 实生核桃园改造

选择立地条件好、树龄3~10年、生长健壮的实生核桃园，选用品种穗条，采用芽接（3~5年）或枝接（5~10年）技术进行高接改造，建立采穗圃。

此法具有见效快、穗条产量高等特点，是目前采穗圃建设的主要方法。

3. 嫁接苗定植新建

定植株行距3 m×4 m或4 m×5 m。

此法具有管理方便，穗条数量、质量均高，采穗时间长等特点，但前期穗条产量不高。

二、穗条的采集、贮运及处理

（一）采集

1. 采集时间

枝接接穗的采集，从核桃落叶后直到芽萌动前（整个休眠期）都可以，但以冬末春初为佳。夏季穗条应随接随采，采集时间根据芽的发育程度和可利用饱满芽的数量而定，一般和田、喀什地区 5 月下旬，阿克苏地区 6 月初即可采集。

2. 穗条质量

枝接用的休眠穗条应为长 60～100 cm、粗 1.0～1.5 cm 的发育枝和徒长枝。穗条应是当年新枝，木质化较好、芽体发育充实。嫩枝新梢不宜作穗条。

3. 采集方法

采集时宜用修枝剪或高枝剪，忌用镰刀削。须在剪口下部留 1～2 个芽后才能在上部采条，剪口要平，不允许有斜口或劈裂枝条。根据穗条品种、长短、粗细分别打捆包装，每 25 根或 50 根一捆，并标明品种和采集地点及时间。夏季采的穗条，应立即除去复叶，留 2.0 cm 左右长的叶柄，每 25 根或 50 根打成捆，标明品种。

（二）贮藏

休眠穗条须贮藏越冬，一般是利用冰窖贮藏，最适宜温度为 0～5℃，最高不能超过 8℃，相对湿度在 90% 以上。夏季采的嫩枝穗条，应随采随用湿布包好，置于背阴处。运到嫁接地时，要及时打开薄膜，置于潮湿阴凉处，并随时洒水保湿。

（三）运输

休眠穗条最宜在晚秋或初春气温较低时运输，高温天气最好不要运输接穗，易造成霉烂或失水，严冬运输注意防冻。长距离运输时须进行包装，外用塑料膜包裹，内混放湿锯末，以保温保湿。

（四）穗条的处理

主要包括剪截和蜡封，一般需要在嫁接前进行。穗条一般长 16 cm 左右，有2～3 个饱满芽。要特别注意第一芽的质量，一定要完整、饱满和无病虫害，以中等大小为好。上部第一芽距离剪口 1 cm 左右。发育枝先端部分一般不充实，木质疏松，髓心大，芽体虽大但质量差，不宜做接穗用。

接穗封蜡，能有效防止水分散发。蜡封一般在嫁接前 15 天以内进行效果最佳。蜡封的方法是，将石蜡放入容器（铝锅、烧杯等）内，在容器底部先加少量水，用电或煤气加热，使蜡液化并保持在 90～100℃。蜡封时，将剪成段的接穗的一头，在蜡液中速蘸一下，甩掉表面多余的蜡液，再蘸另一头，使整个接穗表面包上一层薄而透明的蜡膜。如果蜡层发白掉块，说明蜡液温度过低。为保证蜡液温度适当，可在容器内插入一个温度计，随时观察温度的变化。当温度超过 100℃时，应及时将容器撤离热源或关掉电源。

（五）建立技术档案

1. 基本情况

基本情况包括采穗圃的地理位置、立地条件、面积、苗木（接穗）来源、规格、品种、株行距、定植时间等。

2. 经营技术

配置图：包括采穗圃的区划，品种的数量及位置等。经营情况：包括经营管理措施，树木生长情况调查，每年采穗时间、品种、数量、质量及去向等。

三、嫁接

嫁接苗的培育是品种苗木培育中的关键环节，直接关系到嫁接成活率、品种纯正和良种壮苗等问题。

（一）嫁接时期

核桃的嫁接时期因地区和气候条件不同而异，各地应根据当地实际情况来决定具体的嫁接时期。一般来说，枝接的适宜时期，是从砧木发芽至展叶期。和田、喀什地区多在 3 月中旬枝接，在 5 月下旬芽接，阿克苏地区多在 3 月中下旬枝接，在 6 月初至 7 月初芽接。具体时间视接穗芽的饱满程度和可利用量而定。7 月上旬嫁接结束，再晚不利于留床苗越冬。

（二）嫁接方法

一般用 2 年根 1 年茎，地径 1～2 cm 的实生苗。

1. 方块芽接

在砧木上切一长方形树皮块，将树皮挑起，再按回原处，以防切口干燥。然后在接穗上取下与砧木皮方块大小相同的方形芽片，并迅速镶入砧木切口，使芽片切口与砧木切口密接，然后绑紧即可。要求芽片长度不小于 1.5 cm，宽度为 0.6～1.2 cm（芽的两侧再宽 2～3 mm），芽内维管束（护芽肉）保持完好。

2. 嵌芽接

在采好的接穗上选择充实、饱满的芽体，最好选择接穗中部接芽，先用刀平切去掉叶柄，然后在芽体的上方 0.6～0.8 cm 处斜着向下削，宽 0.8～1.2 cm，厚 0.3～0.4 cm，然后在芽的下方 0.6～0.8 cm 处斜纵切，带木质的接芽切片便可轻易取出，芽片长 1.2～1.6 cm，宽 0.8～1.2 cm，厚 0.3～0.4 cm。

在砧木当年生的新梢上，离地面 30～40 cm 处选光滑的部位，从上向下斜削 1.2～1.7 cm，然后在刀口下方 1.5 cm 处纵切，将砧木切片剥离弃去（方法与取接穗的芽片一样），芽片的长宽厚度同接芽相一致，将取下的接芽迅速镶嵌在砧木的切片槽内。其关键点是取芽快速，接芽在空气中的暴露时间要短，接芽与砧木切片要相一致，结合紧密。用常规农用塑料薄膜由上至下对接芽进行绑缚，使接口密封，接芽贴近砧木，并将叶柄处包严。

四、嫁接苗管理

（一）控水

嫁接前，应提前 7～10 天浇 1 次水，嫁接后 10 天左右再浇 1 次水。

（二）抹芽

嫁接后，应及时抹除砧木上的萌芽。

（三）补接

嫁接后 6～8 天须进行检查，未接活的应及时补接。

（四）松绑

已接活的新梢长到 3～5 cm 时须进行松绑，再绑上。当新梢长至 15～20 cm 时，解除绑扎，并从嫁接部位以上 2 cm 处将砧木剪断。

（五）防风保护

接芽萌发后生长迅速，枝嫩复叶多，易遭风折。因此，可在新梢长到 20 cm 长时，在一旁插一木棍，用绳子将新梢和支棍绑结，以起到固定新梢和防止风折的作用。

（六）越冬保护

冬季常出现−20℃的低温地区及干旱风多发的地区，除了及时控水、促进苗木枝干木质化外，越冬前须将嫁接苗挖出并窖藏，或在平整地块深挖 1.5 m 的假植坑，将嫁接苗排好埋于坑内，坑内土壤湿度以手握成团不宜松散为宜。

（七）虫害防治

核桃虫害主要是蚜虫、大青叶蝉和红蜘蛛等。

1. 大青叶蝉、蚜虫防治方法

可用 40%乐果乳油 1 500～2 000 倍液，50%杀螟松乳油 800～1 000 倍液喷杀。

2. 红蜘蛛防治方法

以下药可任意选用一种：5%尼索朗 1 000～1 500 倍液，40%水胺磷 1 000 倍液，50%普特丹（三环锡）3 000 倍液，石硫合剂 0.2～0.3 波美度。

第五节 苗木的出圃与分级

一、苗木出圃

（一）苗木调查

对各类苗木通过设置样地（样方或样行）调查统计产苗量及质量，样地面积应占育苗面积的 2%～4%，实生苗要分类，嫁接苗应分品种，都须按分级标准进行统计。

（二）起苗

起苗前一周应浇 1 次透水，1 年生苗主根需长达 25 cm 以上；对劈裂、有病虫危害及过长的根须予以剪除。

二、嫁接苗木质量分级

（一）嫁接苗木质量要求

嫁接苗木要求接合良好，愈合牢固，充分木质化，苗木健壮，无病虫害及机械损伤，留床苗越冬后应无风干及冻害发生。

（二）嫁接苗木质量分级指标

嫁接苗质量等级见表3-1。

表 3-1　嫁接苗木质量等级

项　目		一级	二级
茎	高度/cm ≥	70	50
	地径/cm ≥	1.5	1.2
	接合部愈合程度	充分愈合，无明显勒痕	
砧段长度/cm		20～30	20～30
主根长度/cm ≥		25～30	25～30
≥5 cm 侧根数/个 ≥		25	20
饱满芽个数/个 ≥		15	10
根、干损伤		无劈裂，表皮无干缩	

（三）苗木质量检验

（1）苗木成批检验。

（2）苗木检验允许范围，同一批苗木中低于该等级的苗木数量不得超过5%。

（3）检验结束后，填写苗木质量检验合格证书，见表3-2。

表 3-2　核桃苗木质量检验合格证书

受检单位		出圃日期	
砧木品种		砧木来源	
接穗品种		接穗来源	
苗木数量		苗木等级	
包装日期		收苗单位	
检验单位（检验人）		检疫证书编号	

三、苗木保管

起苗后立即进行修整、分级，不得延误。如因故拖延，须将苗木置于阴凉潮湿处，根部以湿土掩埋或保湿物覆盖。不能立即栽植或外运的苗木须临时假植，依假植时间长短，分为临时（短期）假植和越冬长期假植两种。前者一般不超过10天，只要用湿土埋严根系即可；后者则需要细致进行，可选地势高、排水良好、交通方便和不易受牲畜危害的地方，挖沟假植，沟的方向应与主风向垂直，沟深1 m，宽1.5 m，长度依苗木数量而定。假植时，应在沟的一头垫些松土，将苗木斜排，呈30°～45°，埋根露梢，然后再放第二排，依次排放，使各排苗错位排列。假植时，若沟内土壤干燥，应及时喷水。假植完毕后，要埋住苗顶。土壤结冻前，将土层加厚至30～40 cm。春暖以后，要及时检查，以防霉烂。

四、包装

苗木分级后，运输前应按品种等级分类包装。按每捆50株从主茎下部、中部捆紧。苗根需包裹湿润的稻草、草帘、麻袋等保湿材料，以不霉、不烂、不干、不冻、不受损伤等为准。

包内、外须附有苗木标签，系挂牢固。标签内容见表3-3。

表3-3　苗木标签

苗木类别		树种（品种）名称		产地	
生产（经营）者名称			生产（经营）者地址		
苗木数量			植物检疫证书编号		
生产许可证编号			经营许可证编号		
生产日期			质量检验日期		
苗木质量	苗龄		苗高		地径
	主根长		≥5 cm 侧根数		质量等级

五、运输

苗木运输要适时，保证质量。运输中须做好防雨、防冻、防火、防风干等工作。到达目的地后，要及时接收，尽快定植或假植。

六、建立技术档案

（一）土地利用

汇总记录各种类型苗木的面积、产量、质量等，并绘制苗木土地利用图。

（二）育苗技术措施

包括整地、播种、嫁接、施肥、浇水、中耕除草、病虫害防治、苗木出圃等的具体时间、方法、用工、用料及效果等。

（三）苗木生长情况

观察记录苗木各时期的生长情况，物候期观测及异常表现等。

（四）气象因子

主要观测记载小区域气候与苗木生长之间的相关性。

（五）附件

包括年度计划、方案、总结等。

第四章　标准化建园技术

近年来新疆通过推广核桃良种，建立采穗圃，应用嫁接、授粉等新技术，不断扩大核桃栽植面积，实现了经营管理水平的提升。但是在育苗、建园方面仍采取旧模式，建园慢、苗木参差不齐，严重阻碍了新疆核桃种植业的发展。为进一步推动标准化核桃园建园技术，经大量实践研究，本书总结出核桃建园关键技术。

第一节　园地选择与规划

一、园地选择

（一）气候条件

年均气温在 9℃以上，年最低气温不低于–25℃，绝对最高气温在 38℃以下，相对湿度在 40%以上，无霜期 180 天以上。避免选择经常出现干旱风或焚风的地带。

（二）地形

应选择地势平坦或稍有缓坡、阳光充沛并有防护林保护的地方。

（三）土壤

在远离工矿区、避开工业和城市污染源的影响、生态条件良好的地区，选择土层深厚、肥沃及透气排水良好的壤土或砂壤土，土壤 pH 小于 8.2，有机质含量在 1%以上，土层厚度 1 m 以上，地下水位 2 m 以下，土壤含盐量小于 0.25%。选熟地和新开荒沙壤地均可。

（四）水源

核桃园应具备良好的灌溉条件，利用地下水灌溉应注意其含盐碱量不能过高。

二、园地规划设计

园地的正确规划对核桃园的生产和管理具有重要作用。核桃园规划包括小区（作业区）规划，道路规划，水利系统、防护林规划，园地建筑物规划等。

（一）小区（作业区）规划

小区划分应考虑地形、地势及土壤状况，使区内小气候大体一致并便于运输。具体来说，应根据土地面积和坡度大小，结合品种安排、排灌渠道及道路要求划分适当面积的小区，然后整平至坡度小于 2°（平整土地可以避免土壤反碱）。核桃商品性生产园的小区面积以 100 亩为宜。小区形状以长方形、朝向以南北向为宜，其长边与主风向之间的夹角不大于30°。

（二）道路规划

园地道路分主路、支路和小路三种。道路规划应与小区、渠系、防护林带、输电线路、附属建筑物等相结合。主路贯穿全园，外接公路，内连支路，路宽6～8 m。支路为各小区的分界线，与主路垂直相接，路宽3～5 m。小路设在小区内，为田间作业路，宽2～3 m，与支路垂直相接，便于喷雾机械、开沟机械等通过。

（三）水利系统规划

园地水利系统包括灌水系统和排水系统两个部分。灌水系统包括输水渠和灌溉渠，灌水系统应与道路、防护林配合设置。

输水渠贯穿全园，位置要高，设在园地高侧，外接引水的干、支渠，内连灌溉渠，比降为0.2%。灌溉渠设在小区内，与输水渠垂直相接，直接浇灌果树，比降为0.3%。大型核桃生产园区，可设置支渠、农渠两级输水渠，即水源由外界干渠引入支渠，再由支渠输入农渠，后由农渠输入灌溉渠进入果园。在各级渠、路交接处设置闸门、涵管、桥梁等设施。井水灌溉的核桃园一般机井每眼灌溉 33.33 亩。采用节水灌溉技术，如滴灌、涌泉灌等，以保护土壤，提高肥水利用率。

排水系统也设输水渠和排水渠两级，输水渠与外界总排渠相接，排水渠连接输水渠。在绿洲上缘地下水位极低的沙土地带建立核桃园，可不设置排水系统。盐碱地要设排碱渠。

（四）防护林规划

新营建的核桃园必须进行防护林规划和建设。新疆南疆多采用新疆杨、沙枣、红柳等树种作为防护林树种。主林带方向与当地主风向垂直，由 4～8 行新疆杨、1 行沙枣和 1 行红柳组成，主林带间距 200～300 m。副林带方向与主林带方向垂直，由 2～3 行新疆杨组成。主、副林带株行距（2.0～2.5 m）×（1.0～1.5 m）。

防护林规划应与路、渠相结合。林带与最近果树距离不少于 15 m。防护林带建设最好在建园定植苗木前完成。

（五）园地建筑物

园地建筑物包括办公室、工具室、农药肥料室、配药池、库房、果品加工和储藏室、宿舍食堂等。建造位置以方便为宜，如配药池应设在靠近水源、灌溉渠道处。

第二节　栽植技术

一、品种选择

选用经国家和自治区鉴定确认并推广的核桃良种，根据其生物学特性及经济性状划分为两大类。

（一）适用于集约栽培建园式的品种

有"温185""新早丰""新新2号"等三个品种。"温185"与"新早丰"或"新新2号"之间既为主栽品种又互为授粉品种。

这三个品种特点为：树势中等，树冠紧凑，坚果大小、果形、品质基本一致，在肥水充足的集约栽培管理条件下，丰产性强。

（二）适用于农林间作及散生栽植的品种

有"扎343""新丰""新温81""新温179""新萃丰""新乌417"六个品种。其中"扎343"和"新温81"为这一组合的授粉品种。

品种特点：树势强、树冠开张，适应性强，丰产稳产。

（三）品种配置

小区、村、乡、县，甚至几个县之内，应选用2个或3个能相互提供授粉机会的主栽品种，带间或行间配置。如选择单一主栽品种，应按5～8行主栽品种配置1行授粉树（品种）来配置，原则上主栽与授粉品种之间的最大距离不得大于100 m。

二、栽植时间及方法

（一）栽植时间

春植在土壤解冻后至苗木萌芽前均可，一般为3月上旬至下旬；秋植在土壤结冻前进行，一般是10月底至11月中旬。

（二）栽植密度

在新疆地区的核桃生产中，主要栽培方式为农林间作和园式栽培两种。农林间作式定植密度，一般株距4～6 m，行距8～10 m，每亩11～21株。园式栽培株行距应小些，一般株距3～5 m，行距4～6 m，每亩22～56株。丰产园一般每亩不少于22株。对于早实核桃，因其结果早，树体较小，可按先密后稀进行规划密植，多采用 3 m×5 m 株行距定植，当株间出现交叉、郁闭光照不良时，可采用回缩，落头，夏、秋摘心等措施，打开光路。严重交叉时，可进行隔株间伐，这种模式在新疆阿克苏地区推广最为普遍。如果在土壤瘠薄、肥力较差的沙粒土或荒漠上建园，还可适当增加密度。

栽植坑的规格为 80 cm×80 cm×80 cm 或 100 cm×100 cm×100 cm，土质差的应予以换土，坑底应施入有机肥 15～20 kg，掺土混合，上面再放 20 cm 厚的土，以待栽植苗木。

（三）栽植方法

核桃苗木栽植之前，应先剪除伤根和烂根，然后放在有生根粉的溶液中浸泡 2 h，或根系蘸泥浆，使根系充分吸水，以保证顺利缓苗与成活。为保证通风透光，一般按照南北行向开挖定植坑，栽植坑的规格为 80 cm×80 cm×80 cm 或 100 cm×100 cm×100 cm，土质差的应予以换土，坑底应施入有机肥 15～20 kg，掺土混合，上面再放 20 cm 厚的土，然后将苗木放入，舒展根系，分层填土踏实，并轻提苗木，使根与土密接，栽植深度以覆土略高于根颈部 3～5 cm 为宜。栽植当天及时浇头水，水下渗后栽植穴凹陷的及时填土，并将倒苗扶正。

三、栽植后管理

（一）浇水及松土除草

苗木定植后立即浇水一次，及时扶苗培土固垄，20 天左右浇第二次水，以后 30～40 天浇水一次，浇水后及时对定植坑进行松土除草。8 月底停水，10 月下旬灌越冬水。

（二）主干培养

1. 定干

定干高度主要依据栽植的方式确定。农林间作、行道树、防护林副林带及房前屋后散种的核桃，定干高度 0.8～1.2 m。一般园式栽植的核桃定干高度 0.6～

1.0 m，密植栽培可为 0.4～0.7 m。

2．定干方法

春季核桃萌芽后，按定干高度要求，对树干短截；在截口以下留约 20 cm "整形带"，在整形带内选留 2～3 个角度适中、着生有序枝、芽培养主枝，其他枝、芽全部抹除。

（三）补植

苗木定植后应经常检查成活情况，发现有死株和病株及时拔除，然后用备用苗木予以补栽，以免在同一果园内因为缺株过多而影响产量。

（四）越冬防寒

定植当年，11 月中下旬土壤结冻前，对定植苗木进行埋土越冬保护工作。要求全株埋土，埋土厚度 30 cm 以上。

第三节　间作模式

生产型核桃园的建园初期都是间作式，都应间种农作物或经济作物。行距的大小、间作年限的长与短主要取决于栽植目的、核桃品种和栽培管理水平。一般密植园的行距小些，前期间作的年限要短；而行距较大的稀植园，间作的年限要长。此外，行间距还要考虑便于农机具的耕作。

一、建园原则

（1）以促进核桃生长发育为主，间作增收为辅。
（2）根据栽培目的、主栽品种、耕作管理方式设定栽植行间距。
（3）间种作物应具有较高的经济效益，应是矮秆的。
（4）间作物的管理服从于核桃树的管理，不影响核桃幼树的生长发育。

二、常见核桃农间作结构配置

针对不同核桃主栽品种的构筑型和生产特点，进行主要农作物生态整合与经济高效间作结构配置。

（一）核桃树与冬小麦间作

核桃树与小麦在空间结构上互不影响。核桃树树体高大，占居上层空间；小麦植株矮小，生长在地表。核桃树一般5月上中旬才能展全叶，而小麦已接近成熟；小麦又比较耐阴凉，透过核桃树冠的散射光即可满足小麦光合作用的光需求。核桃树与冬小麦间作是比较科学的组合。

（二）核桃树与复播大蒜间作

核桃与复播大蒜间作的优势在于复播大蒜与核桃农时基本相近，纯收入高。大蒜是矮秆作物，具有喜凉耐阴、生育期短的生物特性，所以对光热条件要求不高，适合与核桃间作，是林下经济种植模式之一。

（三）核桃树与马铃薯间作

由于马铃薯喜阴凉，所以核桃树和马铃薯间作在生长期的影响较小，但是要避免过多的光照不足和遮阳，否则会影响马铃薯的生长发育。在进行间作时不宜过于密集，要保证核桃树的植株行距在6 m以上、株距2 m以上。

（四）核桃树与复播玉米间作

玉米是高秆作物，在建园初期，有可能对核桃幼树造成遮阳，影响其生长和木质化。

如果需要核桃幼树园间种复播玉米，必须严格按技术要求，沿核桃定植行开挖保护带，保证保护带宽度为1.5 m，以确保核桃幼树的通风透光条件，促进生长、提高木质化。

三、核（桃）农间作模式物种装配

主要根据核桃主栽品种和小麦、玉米、棉花等作物在肥水利用上的时空差异性，进行物种装配配套，使其需水具有一致性、需肥具有互补性。

（一）核桃树与冬小麦间作

核桃树在上半年需要肥水保障，促进生长发育，下半年则应适当控制肥水供给，促进木质化、提高抗寒能力。

冬小麦在春季的肥水管理与核桃相一致，但秋播时的播种水对于核桃树而言却是不利的，因为它打破了控水进程。

（二）核桃树与复播大蒜间作

大蒜根系分布浅，根毛少，吸肥能力弱，对水肥要求较高。由于生长期短，对养分需求相对集中，需要量也很大，必须加强大蒜的水肥管理，才能保证大蒜高产优产。核桃冬季结合大蒜施农家肥，夏季在保护带内施肥。核桃和大蒜全年浇水 6 次，灌水周期一致。

（三）核桃树与马铃薯间作

冬季核桃结合马铃薯施农家肥，夏季核桃结合花芽分化期、果实膨大期、果实硬核期、果实灌浆期以追施磷钾肥为主。在马铃薯收获前，核桃树应采用环状、放射状、穴状施肥，将肥料施于保护带内，马铃薯在发棵期、现蕾期、盛花期施化肥。每年冬季在土壤上冻前应浇越冬水，春季应浇萌动水，其间核桃园结合马铃薯施肥浇水，做到一水两用。

（四）核桃树与复播玉米间作

复播玉米是农区畜牧养殖的主要饲料，8—10 月是玉米需肥需水高峰期，但恰恰是核桃树控水控肥的关键时期。核桃树间作复播玉米，不但肥水需求矛盾突出，而且玉米又是高秆作物易影响核桃树的通风透光。

如果需要核桃树园间种复播玉米，必须严格按技术要求，沿核桃定植行开挖保护带，以改善核桃幼树的通风透光条件，减少核桃树吸收肥水，促进木质化。

幼树定植沟保护带：定植 1～5 年的核桃树，沿定植行开挖并保留定植沟保护带。定植沟保护带宽 1.0～1.2 m，沟底与行间地平持平，沟埂高 25～30 cm，埂顶宽 30 cm。每次浇水后检查并修复冲坏的沟埂。8 月底后，需特别注意维护定植沟的完好，严禁秋作物浇水时冲坏沟埂或水满保护沟。

四、核桃树与冬小麦间作技术

（一）间作作物选择原则

选择低矮作物、与核桃农时基本相近的农作物。选择低矮作物时，应做到核桃树下留 2 m 宽的通风透光带。低矮作物应具有喜凉的生物特性。核桃树行间 6～8 m，株距间 5～6 m。

（二）核桃树栽培管理

核桃行间因间作冬小麦，施肥由行间树冠投影下方施肥改为株间开沟施肥，待 6 月中旬冬小麦收割完毕后，改为行间树冠投影下方施肥。

（三）冬小麦栽培管理

1．选择地块

选择肥力中上等、土层较厚的土壤，有机质含量≥15 g/kg、破解氮 60 mg/kg、有效磷≥10 mg/kg、速效钾≥150 mg/kg 的土壤最佳。前茬作物选择豆类、玉米为宜。

2．品种选择及种子处理

冬小麦选择新冬 20 号或新冬 40 号等早熟、高产、优质、多抗品种。因地制宜地选用杀虫剂、杀菌剂拌种或种衣剂包衣，防治地下害虫及土传、种传性病害等。

3．整地

提倡深耕，耕深 30～40 cm，打破犁底层，不漏耕，耕透。耕地后灌足底墒水，每亩灌水量为 70～80 m³。合墒后及时精细耙糖整地，耙地 2～3 遍，做到耙透、耙平、糖实，消灭明暗坷垃，使土壤松碎，达到上松下实，然后再播种。整地后开播前，用人工 1 亩 1 畦打 1 条直埂，埂为高度 30 cm、宽 1.2 m 的坡型，每条龟背埂距离为 15 m，便于播种机作业和灌水。

4．肥料运筹

根据产量目标，按每亩施优质农家肥 2 500～3 000 kg、纯氮 16～18 kg、五氧化二磷 13～14 kg、硫酸钾 10～15 kg 来设计施肥量。结合整地，将有机肥、磷肥、钾肥、50%的氮肥基施，提倡化肥深施，深度 10 cm 以上。用 50%的氮肥作追肥，春季追肥时间后移至小麦拔节至孕穗期。小麦灌浆期喷施叶面肥 1～2 次。

5．镇压播种

灌水合墒后施肥（复合肥、农家肥），耕地、镇压、整地待播。用小麦专用播种机播种，播后进行磨地，达到一播全苗。

6．播种

冬小麦行间距 12 cm，也可选择宽窄行为 12 cm×15 cm×12 cm。播种前整地质量要达到"齐、平、松、碎、净、墒"六字标准，播行要直，下种在 3～5 cm 深度，同时调试好小麦播种机，做到下种均匀。适宜播种期一般在正常年份的 9 月 25 日至 10 月 10 日，此时间段内，小麦播种量为 18 kg/亩，晚播麦每推迟 1 天增加播种量 0.5 kg/亩。

（四）肥水管理

在 11 月下旬，当日平均气温稳定下降到 3℃、麦田土壤含水量降到 15%以下时，应及时冬灌。每亩灌水量 60～80 m³。冬灌时要防止麦田低洼处积水结冰。

第二年开春 2 月 20 日前后冬小麦返青后，结合土壤墒情，用条播机条施返青肥，促苗早发、健壮。每亩追施尿素 10～12 kg；3 月下旬至 4 月上旬，结合第二次灌水（拔节水），每亩追施尿素 20～25 kg；4 月下旬第三次灌水（孕穗水），每亩追施尿素 10～12 kg。

（五）有害生物防治

1. 核桃树

参照本书第七章第二节"主要病虫草害诊断与防治"执行。

2. 冬小麦

返青期至拔节期，以防治麦田杂草为主，防治双子叶杂草用苯磺隆类除草剂喷雾防治；防治单子叶杂草用甲基二磺隆类除草剂防治。孕穗至抽穗扬花期，以防治麦蚜、小麦皮蓟马为主，兼治白粉病、锈病等。灌浆期防治重点是穗蚜、白粉病、锈病。

（六）采摘、收镰（收获）

冬小麦蜡熟末期是收获的最佳时期。在 6 月 10 日前后，冬小麦达到蜡熟期可进行人工收割，6 月 15 日左右为蜡熟末期，可及时机械收获、晾晒，及时入库。入仓小麦籽粒含水量小于 12.5%，防止发霉、出芽、变质。

收割后的根系可作为绿肥深耕入地下，供给核桃吸收。核桃的采摘参照第九章"花果管理、采收及采后处理"执行。

五、核桃树与复播大蒜间作技术

（一）园地选择

在年最低气温不低于 –25℃ 的地区，选择地势平缓、阳光充沛、灌水便捷、林带防护、交通通畅的地方建园。肥力中上等、土层较厚、有机质含量 ≥15 g/kg、速效氮 60 mg/kg、速效磷 ≥10 mg/kg、速效钾 ≥150 mg/kg 的土壤为最佳。地下水位在 2.0 m 以下。核桃园地间作复播大蒜应选择树龄在 5 年内，株行距 5 m×6 m、

5 m×5 m、4 m×5 m、4 m×6 m，南北栽植方向的核桃园为宜。

前茬作物选择小麦、豆类等为宜，忌重茬迎茬，即种过大蒜后的地至少中间种植 3 年其他作物后再种植复播大蒜。

（二）核桃树栽培管理

参考本章本节中前述"核桃树与冬小麦间作技术"中的"核桃树栽培管理"执行。

（三）大蒜栽培管理

1. 种蒜选择

复播大蒜种子宜选择异地生产种，选择标准为品种纯正、稳定高产、品质良好、抗性强、无病害，蒜头直径 4 cm 以上，肥大圆整，外观色泽一致，大小均匀一致，瓣数相近。

2. 整地

核桃园 10 月 10 日前后行间常规施肥、犁地、平整土地。犁地后灌足底墒水，灌水量为 80 m³/亩。合墒后及时精细耙糖整地，整地前施磷酸二铵 10～15 kg/亩，耙地 2～3 遍，做到耙透、耙平、糖实，做到土壤松碎，上松下实，核桃树两侧预留宽 2～3 m 的保护带或直径为 1 m 左右的防水圈。

3. 播种

核桃园与复播大蒜间作园行向应选择南北走向为宜。间作园核桃树密度应适度稀疏，选择行距在 5 m 以上。10 月 15 日至 31 日前后人工点播，开沟条播或利用打孔器在膜上打孔播种，播种深度 4 cm，膜上行距 20～25 cm，株距 8～12 cm，覆土厚度 1～2 cm，刚好盖住蒜尾即可。大瓣蒜播种宜稀，小瓣蒜播种宜密。播种时应尽量避免种瓣损伤。尽量采用南北行向播种，复播大蒜播种距离核桃树应保持距离在 1 m 左右，避免离树体太近影响核桃开沟施肥。

4．苗期管理

第二年春季气温回暖后，日最低气温稳定在 4℃以上时，及时揭去越冬前覆盖的地膜，缓苗一周后，选择晴暖天浇 1 次水。抽薹后保持土壤湿润。适时抽蒜薹是大蒜栽培中的一项重要措施，采薹时间以下午为好，采薹可促进蒜头的迅速膨大。蒜薹露尾时，结合浇水施肥，喷施叶面 1%~2%磷酸二氢钾，并及时拔除杂草。蒜薹顶部打弯时，总苞开始膨大，颜色由绿转白，蒜薹叶鞘处有 4~5 cm 长变成淡黄色时人工拔出蒜薹。

5．冬前管理

复播大蒜要灌冬水，可在播种后结合核桃树灌溉越冬水，净灌水量 80 m³/亩。

（四）肥水管理

核桃冬季结合复播大蒜播种前施以农家肥为主的肥料，每平方米施农家肥 5 kg、磷肥 0.2 kg，夏季核桃结合果实膨大期、果实硬核期、油脂转化期、果实成熟期追施，以磷钾肥为主。核桃树在复播大蒜收获前追肥应在保护带内采用环状、放射状、穴状法施肥，施肥深度以 30~40 cm 为宜。

每年冬季在土壤上冻前应浇越冬水，春季应浇萌动水，其间结合复播大蒜和施肥浇水，全年确保浇水 6 次并做到核桃树、大蒜灌水周期一致。

（五）有害生物防治

1．核桃有害生物防治

参照第七章"灾害防控技术"执行。

2．复播大蒜有害生物防治

（1）病害防治

主要防治对象为叶枯病和病毒病。生产过程中应加强安全栽培管理，预防病害发生。每年与非百合科作物进行一次轮作。

叶枯病可选喷 10%苯醚甲环唑 WG1 000 倍液、50%咪鲜胺锰盐 WP1 000 倍液、25%咪鲜胺 EC500 倍液、60%唑醚·代森联 WG800 倍液，7～10 天喷 1 次，连喷 2～3 次。

病毒病在蚜虫发生初期及时用药防治，防止蚜虫传播病毒。发病初期，选喷 80%盐酸吗啉胍 WG1 000 倍液、50%氯溴异氰尿酸 SP1 000 倍液、1.8%辛菌胺醋酸盐 AS 500 倍液、25%甲噻诱胺 SC800 倍液、24%甲诱·吗啉胍 SC300 倍液、18%丙唑·吗啉胍 WP600 倍液。

（2）虫害防治（蒜蛆）

使用充分腐熟的有机肥，秋翻冬灌。在蒜蛆幼虫危害盛期每公顷用 35%辛硫磷 CS7 500 mL，或 22%吡虫·辛硫磷 EC9 000 mL，结合浇水冲施，或 10%噻虫胺 SC500 倍液灌根防治。

（六）收获

大蒜在 5 月底收获，收获时连根拔起复播大蒜植株，做到随熟随收，分批进行。大蒜采收前 10 天不宜浇水，以免蒜头腐烂及降低贮运性。核桃的采收参照第九章"花果管理、采收及采后处理"执行。

六、核桃树与马铃薯间作

（一）园地选择

在年最低气温不低于-25℃的地区，选择地势平缓、阳光充沛、灌水便捷、林带防护、交通通畅的地方建园。肥力中上等、土层较厚，有机质含量≥15 g/kg、速效氮 60 mg/kg、速效磷≥10 mg/kg、速效钾≥150 mg/kg 的土壤为最佳。地下水位在 2.0 m 以下，全年灌溉确保 5 次以上。核桃树龄在 5 年内；株行距 5 m×6 m、5 m×5 m、4 m×5 m、4 m×6 m 等，定植宽度适宜农业机械作业；核桃园为南北栽植方向。

前茬作物以小麦、豆类等为宜，忌重茬迎茬，即种过马铃薯后的地至少中间种植 3 年其他作物后再种植马铃薯。

（二）核桃树栽培管理

参考本章本节中"核桃树与冬小麦间作"中"核桃树栽培管理"执行。

（三）马铃薯栽培管理

1. 马铃薯品种选择

选择早熟或中早熟优质脱毒品种（普薯 32、烟薯 25、龙薯 9、济薯 26）。要求种薯未受病虫害侵染，薯形整齐饱满，具有原品种特性。

2. 整地

播种马铃薯前，需在核桃园行间施有机肥、犁地、平整土地；犁地后灌足底墒水，合墒后及时精细耙平；整地前施磷酸二铵 10～15 kg/亩；耙地 2～3 次，做到土壤松碎，上松下实。核桃树两侧各留 1.0～1.5 m 的保护带，或直径为 1 m 左右的防水圈。

3. 播种

（1）播种期

当 10 cm 地温稳定通过 5℃，达到 6～7℃时播种为宜。春播马铃薯一般在 4 月中旬至 5 月中旬。

（2）催芽

播种前 15～20 天，将种薯堆置在温暖空房或场地，上盖一层草帘或黑色塑料膜，保持 15～20℃，相对湿度 75%～80%，待芽出齐后，放在通风、干燥、有散射光照射的地方壮芽，等小芽变绿后即可播种。

（3）起垄播种

垄底宽 50～85 cm，垄面宽 30～50 cm，垄高 10 cm。地膜覆盖于垄面上，一垄两行播种，按株距 25 cm 打孔，两行孔眼均匀错开呈三角形，播种深度 10 cm。播种行距应适宜农业机械作业。薯芽朝上摆放，膜孔覆土要严实。播后要保持膜面干净整洁，有利于提高地温。30 g 以下小薯整薯直播；超过 30 g 的块茎切种，每块至少需带 1~2 个芽眼，切种后用 70%甲基托布津可湿性粉剂拌种，用量为种薯重量的 0.3%；切种拌种晾干后立即播种，密度因品种和类别而定，一般每亩种植 350~500 株。

（4）覆膜技术

采用机械覆膜方式覆膜，地膜规格为 0.01 mm。

4. 苗期管理

气温回暖后，日最低气温稳定在 4℃以上、膜下有水珠出现时，可放苗；缓苗 7 天后，选择晴暖天浇 1 次水。为减少土壤水分蒸发，提高地温，马铃薯播种后每 10~15 天中耕一次，可起到灭草保墒的作用，苗前中耕宜浅不宜深。

检查出苗情况，及时解放部分压在膜下的幼苗以防烫伤。齐苗后及时查苗补苗，避免缺苗、断垄。若薯块腐烂，应将烂块同周围土壤全部挖除，以免补栽苗感染病菌。

5. 中期管理

齐苗后中耕一次；马铃薯长出 5~6 片叶时中耕浅培土；现蕾期中耕培土一次，培土厚 3~4 cm；封垄前最后一次中耕培土，向根部多培土，提高产量，防止结薯过浅而使薯块表皮变绿影响商品性。

（四）肥水管理

生育期内保持土壤湿润，不旱不浇，浇水至垄高 1/2 或 2/3 为宜，严禁漫畦淹苗。发棵期，马铃薯长势偏弱，可追施尿素 5~10 kg/亩，生长旺盛则无须追肥。在现蕾期结合浇水亩追施钾肥 15~20 kg/亩或复合肥（氮磷钾）15 kg/亩；长势过旺田块少施或不施；盛花期必须保证水分供应充足。发棵期、蕾期叶面喷施磷酸二氢钾 2 次，每次喷施 150 g/亩。

冬季，核桃结合马铃薯播种前每平方米施农家肥 5 kg、磷肥 0.2 kg；夏季核桃结合花芽分化期、果实膨大期、果实硬核期、果实灌浆期追施，以磷钾肥为主。在马铃薯收获前，核桃树追肥应采用环状、放射状、穴状法将肥料施于保护带内，施肥深度以 30~40 cm 为宜。

每年冬季在土壤上冻前应浇越冬水，春季应浇萌动水，其间核桃园结合马铃薯施肥浇水，做到一水两用。

（五）有害生物防治

1. 核桃有害生物防治

参照第七章"灾害防控技术"执行。

2. 马铃薯有害生物防治

（1）农业防治。实行轮作，减少同茄果类作物之间的连作，一般轮作间隔为2～3 h。马铃薯收获后，深翻土地20～30 cm，破坏害虫越冬场所，减少虫源越冬基数。马铃薯收获后，及时将田间病残体及杂草清除，减少病原基数，同时可消灭害虫的虫卵和幼虫。马铃薯选择抗早疫病、晚疫病、疮痂病和病毒病的品种。种薯在36℃下处理39天可预防病毒病，使用40%福尔马林200倍液浸种2 h可预防疮痂病。

（2）物理防治。

黑光灯诱杀成虫：每30～50亩地设置一盏黑光灯，每晚9点至次日凌晨4点开灯，可诱杀地老虎、蝼蛄、金龟子、棉铃虫、蟋蟀等害虫。

糖醋液诱杀法：按糖6份、醋3份、白酒1份、水10份的组分配制成糖醋液，并按5%的比例加入90%晶体敌百虫，然后把盛有毒液的盆放在菜地里高1 m的土堆上，每亩放糖醋液盆3只，白天盖好，晚上揭开，可以诱杀地老虎等多种害虫。

毒草诱杀幼虫：每亩用鲜杂草30～40 kg，切割成2 cm左右的小段，拌入90%晶体敌百虫50 g或2.5%的敌百虫粉剂500 g，拌匀后于傍晚撒施。

（3）生物防治。使用金龟子绿僵菌防治地老虎。播种前，将金龟子绿僵菌均匀撒施在地表面后立即耙地，金龟子绿僵菌用量为6 kg/亩。

（4）化学防治。早疫病、晚疫病的防治重点是早发现，发现病株可叶面喷施：嘧菌酯24～32 mL/亩进行防治；丙森锌200～400倍液，银法利600～1 000倍液防治；用70%代森锰锌可湿性粉剂400～500倍液或50%代森锰锌可湿性粉剂

300～400 倍液喷雾。在病害发生初期开始施药，每隔 10 天喷一次，连续喷雾 3～4 次。

（六）收获

核桃果实一般多在白露后 9 月中旬前采收，温 185 品种适宜在 9 月初采收，新新 2 号品种适宜在 9 月 20 日采收。当青果皮颜色由青变黄绿色，果实顶部裂缝达到 1/3 左右时，容易剥离。马铃薯在 5 月底收获，收获时连根拔起，复播马铃薯植株，做到随熟随收，分批进行。

采收的马铃薯经过 3 天左右的存放，表皮已经干燥，开始分拣分级和装袋。首先挑选出破损、变质的马铃薯，然后根据重量分为 4 个级别：250 g 以上的为 1 级、150～250 g 为 2 级、100～150 g 为 3 级、100 g 以下为 4 级；不同等级分类装袋，1、2、3 级马铃薯可以作为商品马铃薯销售或者储存，4 级可以作为饲料用于畜牧养殖。

贮藏前，需要先将马铃薯置于阴凉、通风、干燥、无光照、保温好的环境下预贮藏 10 天左右，促进马铃薯表皮干燥，便于长期贮藏。马铃薯堆放前先在仓库的地面铺设一层厚 2 cm 以上草毡，以防马铃薯挤压变形。为了促进薯堆内的空气流通以及便于日常维护和管理，每垛按照直角交叉法排列两列马铃薯，薯垛高不超过 2 m，当中放入通风筒通风散热。垛与垛间隔 0.5 m，垛与仓库墙间距 0.5 m，当所有的待存储马铃薯打垛结束后，使用 42%乙烯利配制水溶液 15 kg，按照 300 mL/亩对冷库喷施，可以有效降低马铃薯的呼吸作用，并抑制马铃薯发芽；每亩仓库点燃百菌清烟熏剂 16 粒，对整个存储仓库进行消毒。

七、核桃树与玉米间作技术

（一）园地选择原则

宜选择与核桃农时基本相近的农作物。核桃树下留 2 m 宽的通风透光带。选择作物应具有牲畜、粮饲易食用的特性。核桃树行间 6～8 m，株距间 5～6 m。核桃树龄 1～10 年为宜。

（二）核桃树栽培管理

参考本章本节中"核桃树与冬小麦间作技术"中"核桃树栽培管理"执行。

（三）复播玉米栽培管理

1. 选择地块

选择肥力中上等、浇水方便的壤土或沙壤土，pH 为 6～8，前茬作物为冬小麦。

2. 品种选择

复播玉米选用增产潜力大，高产，熟期 85～95 天，优质粮饲兼用杂交种，如新玉 29、新玉 54、新饲玉 13、KWS9384、新玉 68、新玉 80 等。

3. 种子的准备与处理

使用质量达到国标的种子，尤其纯度和发芽率高、活力强、含杀虫剂或杀菌剂的包衣种子。要求种子纯度≥98%、发芽率≥85%、净度≥98%、含水量≤13%，种子大小一致，色泽光亮，饱满，能达到一播全苗的要求。未包衣种子可在播种前 3～5 天用内吸式长效杀虫剂拌种，以防止地老虎危害。

4. 浇足低墒水

前茬作物小麦收获前 7 天左右或小麦收获后每亩灌水 80 m^3，浇水均匀、渗透一致，保证田间墒情一致。

5. 整地

犁地前每亩施磷酸二铵 20 kg、尿素 5 kg、硫酸钾 5 kg 做基肥，及时犁地，要求深翻 25～30 cm，耕深一致，翻垄均匀，不重不漏，麦茬秸秆要切茬还田，整地时做到土壤细碎绵软、墒情好，达到"墒、平、松、碎、净、齐"六字标准要求。

6. 播种技术

南疆复播玉米最佳播种时期为 6 月 15 日至 25 日，最迟不应晚于 6 月 30 日。南疆复播玉米采用 70～80 cm 窄膜机械播种，或膜下滴管机械播种，1 膜 2 行，平均行距 50 cm，株距 20～24 cm。一般播种量应在 3 kg/亩，精量播种量为 2 kg/亩。足墒播种，播种深度为 4～5 cm 为宜，盖土 1～2 cm，播种深浅应基本一致，盖土一致，镇压紧实，做到一播全苗，发现漏播，应及时补种。中上肥力地块播种密度为 6 000～6 500 株/亩，中等肥力地块播种密度为 5 500～6 000 株/亩。

7. 及时放苗

播后如遇雨形成板结，出苗后要及时破板结放苗，放苗孔越小越好，放苗时间应在下午，避开中午大热天。

8. 间苗与定苗

玉米长到 4～5 片可见叶时及时定苗，留苗均匀，如有缺苗可在同行或邻行就近留双株。在地下害虫严重的地块应适当延迟定苗时间，但最迟不宜超过 6 片叶。

9. 中耕除草

玉米出苗现行时及时进行中耕松土，促进根系生长，将地里的杂草清除干净，中耕、人工除草 2～3 次。

（四）水肥管理

复播玉米灌水 4～5 次，头水一般出苗后 25～30 天（按一水两用原则进行核桃、复播玉米灌水）。结合头水每亩追施尿素 20 kg，施肥采用条施，及时盖土避免叶片烧伤。头水后不宜蹲苗，间隔 10～15 天灌第二水，每亩施尿素 15 kg。第三水在抽雄散粉期间，可酌情施少量尿素，间隔 15～20 天浇第四水。

（五）病虫害管理

1. 核桃

参照第七章"灾害防控技术"执行。

2. 复播玉米

复播玉米主要虫害有地老虎、玉米螟。

（1）地老虎防治

选用杀虫剂包衣的种子，及时铲除地头、地边、田埂路旁的杂草防止地老虎成虫产卵，在复播玉米出苗现行时，用2.5%溴氰菊酯或48%毒死蜱乳油1 500～2 000倍液直接喷在玉米苗上，隔4～5天喷第二次。

（2）玉米螟防治

农业防治：3月下旬之前（玉米螟开春孵化之前），通过采取青贮、粉粹等方式消灭或减少越冬虫。

生物防治：田间第二代玉米产卵期（7月下旬至8月初），在田间人工释放赤眼蜂，每亩蜂量2万头，连续放蜂3次，间隔5天。

化学防治：在7月底或8月初第二代玉米螟产卵孵化的盛期，使用福奇（14%氯虫•高氯氟）15 mL/亩、阿立卡（22%噻虫•高氯氟）25 mL/亩或20%康宽（200 g/mL氯虫苯甲酰胺）25 mL/亩，进行田间喷雾防治，喷药两次，间隔7～10天，可有效防治玉米螟的危害。

（六）收获

9月10日前后核桃收获完毕，9月下旬，当玉米果穗苞叶变黄，籽粒变硬，出现黑层，籽粒含水量降到28%～30%时，收获复播玉米。

第五章　土肥水管理

土肥水是核桃树生长的基础，由于核桃树是多年生树种，只有进行科学的土肥水管理，才能全面改善土壤环境，促进根系的生长，提高根系对水分、养分的吸收，使树体生长健壮，增强植株的适应性和抗逆性，减轻病虫危害，减少化肥和生长调节剂的污染，从而达到丰产、优质的目的。

第一节　土壤管理

核桃树虽然对土壤的适应性很强，但要实现早实、优质、丰产，仍需要良好的土壤条件。合理的土壤管理，才能维持良好的土壤养分和水分供给状态，促进土壤结构的团粒化和有机质含量的提高，为根系创造良好的生长环境，从根本上改变核桃树的营养条件。在目前核桃树生产中，常见的土壤管理制度有修整保护带、防水圈、中耕除草、核桃园间作等。

一、修整保护带、防水圈

核桃园修整保护带、打防水圈是为了调控核桃树与间作物生长管理的不同需求，给核桃树提供较好的生长空间。

保护带的具体做法是，核桃园定植后，以核桃树行中轴为中心，修整一定宽度的垄畦作为核桃树保护带。保护带内地面与行间地面相平，保护带沿高 20～25 cm，顶宽 20 cm，底宽 25～30 cm，带宽 120～150 cm。建园后 1～2 年，树体较小，保护带可适当修窄些，随着树龄增长，逐渐加大保护带，当前生产中多修建 140 cm 的保护带。

防水圈的具体做法是，以果树树干为中心，打直径 1 m 以上、高 40～50 cm 的空心防水圈，这样做的好处一是果园放水时，使水不直接接触果树根颈，从而减少果树腐烂病的发生；二是保护果树根颈，避免果树冻害。

当然也可以根据核桃树栽培密度、间作物种、农机具大小等间作管理要求，从建园伊始就规定保护带的宽度、深度等，建立永久性保护带。

二、中耕除草

（一）机械或人工除草

核桃树根深，在生长季对核桃树进行多次中耕除草，不但可及时清除杂草，减少杂草对水分、养分的争夺，而且可以疏松土壤，促进土壤微生物活动，加速养分转化，提高土壤肥力，减少病虫害，同时可破除土表板结层，切断土壤毛细管，减少水分蒸发，减少旱害与盐害。中耕除草正值根系活动旺盛季节，为防止伤根，中耕宜浅，一般为 8～10 cm。在灌水或降雨后应及时中耕松土，防止土壤板结和水分蒸发。如果核桃园面积小可进行人工除草；现代化核桃园多采用机械中耕除草，中耕深度 5～10 cm，以利于保温保墒。中耕次数以气候条件、杂草多少为依据。在杂草出苗前后和结籽前除草效果较好，一般全年中耕除草 4～5 次。

（二）化学除草

化学除草就是利用除草剂除草，对土壤一般不进行耕作。化学除草具有节省劳动力、提高劳动效率等优点。大面积核桃园及机械无法操作或劳动力紧缺时，可用除草剂除草。目前除草剂种类很多，如使用不当，不仅效果不好，还有可能造成药害。因此在使用除草剂之前，必须掌握除草剂的特性和正确的使用方法，例如不能用含磷的除草剂，否则会对核桃叶片造成伤害。

（三）深翻

土壤深厚肥沃、结构良好是核桃树生长良好的基础。深翻可以加深土壤耕作层，截断表层部分根系，促发新根，增加根的数量，使根系向纵深发展；提高土壤含水量，改善根系分布层土壤的通透性和保水性；促进土壤微生物数量的增加和活动的增强，加速土壤熟化；提高土壤有机质含量和矿质营养水平，改善根系生长和吸收环境，从而促进核桃树的上部生长，提高核桃树产量，改进核桃果品质。深翻时结合科学施肥，更可促进土壤团粒结构的形成和微生物的活动，从而提高土壤肥力；通过深翻能破坏部分病菌和虫害的越冬场所，减轻翌年病原菌和害虫的侵染与危害。

1. 深翻时间

一般在栽后 2～3 年根系伸展超过原栽植穴后开始深翻。土壤深翻在一年四季都可进行，但通常在秋末或早春耕翻。春、秋季深翻可以促发新根，但春季断根多会影响到地上部的生长发育。秋翻宜在早秋进行，秋季果实采收后深翻，由于地上部生长已趋于缓慢，养分开始回流，因而对树体生长影响不大；而且，秋季根系仍保持一定的生长，伤根容易愈合，促发新根的效果也比较明显。采果前后正值根系生长的高峰，是深翻的最佳时期，可结合施基肥进行。也可在夏季结合压绿肥、秸秆进行，以增加土壤有机质，改良土壤，方法是每年或隔年沿大量须根分布区的边缘向外扩展 50 cm 左右。深翻部位，沿树冠垂直投影边缘的内外，挖成深 60～80 cm、围绕树干的半圆形或圆形的沟，然后将表层土混合基肥或秸秆放在沟的底层，而底层土放在上面，最后大水浇灌。深翻时应尽量避免伤及 1 cm以上的根。

2. 深翻深度

土壤深翻应考虑土壤结构和土质状况，一般深度在 60～100 cm，过浅效果较差；有砾石层或黏土夹层，或土质较黏重的，深翻深度一般要求达到 80～100 cm。

3. 深翻方式

应根据树龄、栽培方式等具体情况采取不同的深翻方式。

（1）深翻扩穴：多用于幼树、稀植核桃树及土壤黏重、有砾石层的核桃园。在保护带内进行扩穴深翻，土壤回填时混以有机肥，表土放在底层，底土放在上层，然后充分灌水，使根土密接。一般在栽后第二、第三年开始，在栽植穴的外缘逐年或隔年向外开挖轮状沟，直至核桃树林间土壤全部翻完为止。

（2）隔行深翻：多用于成行栽植、密植的核桃园。隔行沿树冠外围向外深翻，每年换行，直至行间全部深翻。

（3）全园深翻：指将栽植穴以外的土壤一次深翻完毕。密植园宜全园深翻。

上述几种深翻方式，应根据果园具体情况灵活运用。一般小树根量较少，一次深翻伤根不多，对树体影响不大，成年树根系已布满全园，采用隔行深翻为宜。

三、间作

3 m×5 m 株行距建园模式的幼年核桃园土壤管理，以间作经济作物或种植绿肥最好，以充分利用土地资源和光能，提高核桃园的前期效益；调节核桃园地温，减少土壤水分蒸发，防止土壤返碱。

间作物应选用植株矮小或匍匐生长，生育期较短，适应性强，需肥量较小，且与核桃树需肥水的临界期错开；与核桃树没有共同的病虫害；耐阴性强，利用价值高的作物。推荐播种油菜，5 月进行深翻，可提高土壤有机质含量。

核桃园常见的间作物有豆类、麦类、蔬菜、花卉及药材类作物等，其中以小麦、蔬菜等经济作物最为常见。间作物可以实行轮作制。

目前核桃农间作物主要是小麦、棉花，还有少量的复播玉米、瓜菜类、牧草类等。幼龄核桃园行间可间作矮秆作物，盛果期后停止间作。

从肥水供需关系和物种搭配空间利用上，小麦与核桃树的需水、需肥关键期基本一致，对核桃树的空间利用影响较小，所以核桃园内间作冬小麦较适宜。核桃树稀植条件下（行距大于 6 m）可行长期间作，行距在 4～6 m 时，核桃树 6 年生以内可适当间作，以后则不易间作。核桃树与冬小麦的搭配基本适宜。

从肥水需求上看，棉花不宜作为核桃园的间作物，核桃树前期需肥水量大，而棉花则无须灌溉。棉花对核桃树光照影响较小，在核桃树与棉花分别灌水的条件下可以间作棉花。在稀植条件下（行距大于 6 m）可长期间作；行距在 4～6 m 时，6 年生以内核桃园可以间作。间作棉花的核桃园必须为核桃树修建保护带，分别灌水施肥，以满足各自生长发育的肥水需要。

从肥水供需和空间结构上，玉米不适宜作为间作作物，复播玉米的肥水供应与核桃树矛盾显著，空间光照相互影响。复播玉米的需水需肥关键期恰是核桃树控水控肥时期，二者矛盾突出。如要间作玉米则必须要加大核桃树的栽植行距，并且分别灌水施肥才可缓解矛盾。

（一）种植绿肥

果园套种绿肥油菜是新疆核桃提质增效的一项重要举措，早春顶凌播种则是种植绿肥油菜的一项关键技术。顶凌播种绿肥油菜后，在表层地温达到发芽温度5~7℃时，油菜种子在较冷凉的条件下吸水膨胀、萌动发芽，气温逐渐上升后，种子的根系随着冻土层融化而不断向下延伸。发达的根系为春播绿肥油菜整个生育期打下扎实的基础（生长至盛花期约需要55~60天）。早春2月下旬顶凌播种，到5月初即可翻压，随后接茬播种复播。5月初天气微凉，迎合了油菜喜凉的生长习性，可确保复播绿肥油菜的出苗率和满足生长条件。

顶凌播种的好处：一是避开春水紧缺问题。无须灌水实现春播，是顶凌播种的突出优势。二是苗全苗壮。油菜种子能够很好地利用土壤化冻期的墒气，吸水、发芽、生根，赶在表层土壤变干前出苗，并且出苗整齐不断陇，出苗后能够依靠根系吸收土壤深处的水分正常生长，确保了苗全苗壮。三是抑制杂草。早播使油菜在果园杂草未萌发前处于优势地位，出苗后将不能被杂草"欺负"，相反，它可以压住杂草。四是可以调节农活。顶凌播种时，春耕尚未大忙，有充足的劳力和机械投入精细整地、播种。五是有利于早复播。早种确保了春播的苗齐苗壮，日生长量大，生物产量高，盛花期提前，确保5月初翻压。翻压后能够及早复播，躲过高温对复播油菜出苗及生长的影响，可使整体产量高，肥田效果好。

（二）土壤改良

核桃树是深根性植物，喜土层深厚、透气性良好的土壤，但要获得优质、丰产和稳产，则通常需要壤土或沙壤土、土层深80 cm以上，pH 6.2~8.2，氯化物盐类低于0.1%和总盐量低于0.25%的土壤条件。在沙荒地、盐碱地或旱薄地上建核桃园时，应先进行土壤改良和整地。

1. 沙荒地土壤改良

沙荒地缺乏有机质，保水保肥能力差，会直接影响树体的健壮生长和产量稳定，因此，改良土壤结构，培肥地力，是沙荒地建园的重要工作。

（1）土壤深翻。适于沙层以下有黄土层和黏土层的地块。把底层的黄土或黏土翻上来与表层沙土混合，可有效地松动沙层下土壤，增加其通透性，提高土壤的保水保肥力。深翻首先是把沙层以下的黄土或黏土通过挖沟翻到土壤表层；等翻到表层的土壤充分分化后，将其与沙子充分混合。一般深翻过程要持续 2～3 年。

（2）压土处理。在沙层下部无土层的沙荒地，一般采取以土压沙和增施有机肥结合的方法，即压土 5～10 cm，同时施入大量农家肥，然后进行翻耕，使土、肥与沙充分混合，改良沙地土壤结构。

（3）增施有机肥。增施有机肥是改良沙荒地的重要措施之一，有机肥料除含有较全面的营养元素外，还能够增加土壤孔隙度，改良土壤结构，提高土壤保肥保水能力，缓冲土壤酸碱度，改善土壤的水、肥、气、热等状况。生产上常用的有机肥有厩肥、堆肥、禽粪、饼肥、油渣、人粪尿、土杂肥及绿肥等。这些肥料分解缓慢，在整个生长期间，可以持续不断地发挥肥效，防止土壤溶液急剧变化，缓和使用化肥后的不良影响，提高化肥肥效。

（4）土壤结构改良剂。土壤结构改良剂可以改良土壤的理化性质和生物学活性，可保护根层，提高土壤的透水性，调节土壤酸碱度等。近年来，不少国家已开始应用土壤结构改良剂提高土壤肥力，从而使沙漠变良田。

2. 盐碱地土壤处理

核桃树不耐盐碱，耐盐性只有 0.25%左右，盐渍化土壤会影响核桃树的生长，使果实的品质下降。为防止盐碱危害，可对盐碱地进行改良后栽植核桃。

（1）整地刮盐。重盐碱地一般在蒸发量大的季节，土壤表层会积一层盐巴，此时可将盐皮刮去，挖坑浇水，待盐碱残存较少时栽植。

（2）大水压盐。预备栽植核桃树的盐碱地，栽前应用大水灌溉压碱两次，这样可以大大降低土壤中的盐碱含量。南疆土壤多为碱性，每年进行一次大水漫灌压碱很有必要，漫灌时间选在春季或冬季均可。

（3）挖排碱沟。在核桃园行间或周围挖排水淋碱沟，使核桃园积水能够及时排除，起到降盐作用。

（4）间作覆盖。用间作作物覆盖地面，可减少地面蒸发，防止返盐。在干旱或高温季节，水分蒸发量大，可覆盖秸秆或杂草，以保水防旱，防止返盐。

（5）深施有机肥。有机肥应以酸性为好，如厩肥、秸秆、干草渣等。有机肥料除含有果树所需的营养物质外，还含有机酸，对碱能起到中和作用，还可改良土壤理化性状，促进土壤团粒结构的形成，提高土壤肥力，减少蒸发，防止返碱。

（6）中耕除草。灌水或雨水后，特别是在返盐季节，及时中耕除草，可切断土壤毛细管，防止水分蒸发带来的返盐危害。

（7）施用酸性肥料。施用黄腐酸、磷酸脲、磷酸一铵等酸性肥料。

（8）其他。营造防护林可以降低风速，减少地面蒸发，防止土壤返碱。施用土壤改良剂等对碱性土壤的改良也有一定作用。

第二节　施肥

土壤瘠薄是影响薄皮核桃园优质高产的主要因素。核桃园树龄、树势、品种和土壤状况不同，其需肥种类也不同。施肥应根据立地条件和树体生长状况合理施肥。

在一年的生长发育中，开花、坐果、果实发育、花芽分化期均是核桃需要营养的关键时期，应根据核桃的不同物候期进行合理施肥。核桃对养分敏感，如果施肥不平衡，就会造成枝梢木质化程度低，容易发生冻害；营养生长与生殖生长不平衡，光合产物累积少，输送能力差，空仁、黑仁多，容易发生露仁现象，品质下降，产量降低。

一、肥料种类

（一）基肥种类

基肥以有机肥为主，常见的基肥有圈肥、绿肥、堆肥、油渣等。有机肥施用标准按照 2021 年 6 月 1 日正式实施的《有机肥料》（NY/T 525—2021）国家标准执行。

（二）追肥种类

追肥以无机肥为主。无机肥又称矿质肥，是由矿藏的开采、加工，或者由工厂直接合成生产的，也有一些属于工业的副产物。无机肥料多具有以下特性：

（1）养分含量较高，便于运输、贮藏和施用，施用量少，肥效显著。

（2）营养成分比较单一，一般仅含一种或几种主要营养元素。施一种无机肥料会造成植物营养不平衡，产生"偏食"现象，应配合其他无机肥料施用。

（3）肥效迅速。一般3～5天即可见效，但后效短。无机肥料多为水溶性或弱酸溶性，施用后很快转入土壤溶液，可直接被植物吸收利用，但也易造成肥效流失。

（三）新型肥料

新型肥料包括有机无机复配的磷酸二氢钾黄腐酸、腐殖酸、氨基酸、海藻素等。

（四）沤制绿肥

为提高核桃园土壤有机质含量，可以利用厩肥、杂草、麦秆等沤制绿肥。

选择堆肥原料按配方比例进行配料，将主料和辅料尽量混合搅拌均匀（分层堆放不易腐解）；将拌好的物料堆放成底宽2～3 m、高1.5～2 m的梯形条垛，垛长视场地而定，后期可以用翻堆机作业的，要根据机械的作业幅度来确定堆垛的宽度和高度。堆料过程中加水调节湿度，使物料含水量达到50%～60%。物料含水量以握紧后不滴水为准。含水不要过多，55%为最佳。原料堆好后为防止水分蒸发和保持透气可用草或细土覆盖1 cm左右，原料若隐若现即可，不宜过厚，肥堆中间插管通气。

在发酵过程中要注意检查堆料的水分含量，当水分不足时要及时加水（堆沤期间必须加水3～5次）；保证堆料温度保持在50～70℃为宜（手抓物料有灼热感），温度不足时要及时翻堆。

一般在堆积10～20天时，堆顶开始塌陷，冒热气，此时堆内温度可达到55～65℃，开始以翻堆机、铲车或人工方式进行翻堆。翻倒过程中加入水，把结块打碎，将粪草（秸秆）混合均匀，再次堆成梯形条垛进行发酵，约 10 天后，堆温再次升到 60～70℃，再翻倒 1 次，之后进入降温期。当温度降到 30～40℃时发酵结束，发酵时间大约 40～50 天左右，然后进入第二次静态腐熟阶段，时间大约 30～40 天，直至堆肥物料颜色变成黑褐色或黑色，即制成有机肥料备用。

（五）根外追肥

核桃树根外追肥常用的肥料和浓度见表 5-1。

表 5-1　根外追肥常用肥料和浓度

种类	浓度/%	养分含量/%	时期	作用
尿素	0.3～0.5	N　42～46	整个生长季	促进生长，提高产量
过磷酸钙	1.0～3.0（浸出液）	P_2O_5　16～18 $CaSO_4$　18	蕾期—坐果期	促进花芽和果实发育
草木灰	2.0～4.0（浸出液）		果实生长期	提高果实品质
硫酸钾	0.3～0.5	K_2O　48～52	果实生长期	提高果实品质
磷酸二铵	0.3～0.5	N　18	果实生长期	促进果实发育
磷酸二氢钾	0.3～0.5	P_2O_5　24 K_2O　27	果实生长期	促果实发育，提高品质
硫酸锌	0.2～0.3	Zn　35～40	生长期	防止小叶病
硼酸	0.2～0.3	B　17	花期	促进坐果
硼砂	0.3～0.5	B　11	花期	促进坐果
硫酸亚铁	0.3～0.5	Fe　19～20	生长季	防止缺铁症

二、施肥时期和施肥量

（一）新疆薄皮核桃树的需肥规律

1. 需肥规律

基于合理实施果园养分管理的前提，以核桃为研究对象，对核桃树体各部位营养元素的累积、分布以及叶片叶绿素含量的动态变化进行研究，结果表明：核桃树当年新生生物量主要由叶片和果实构成，成龄核桃树当年氮素吸收量主要在叶片和果仁中积累，分别占年吸收氮量的 41% 和 49%；磷素主要分布在果仁中，占年吸收磷量的 56%，其次为叶片；钾素主要在核桃果皮中积累，占钾素总吸收量的 66%；核桃年纯养分吸收量为 907 g，氮磷钾比例为 1：0.3：1；叶片叶绿素含量在核桃开花后随叶片生长逐渐增加，二者呈显著正相关。

核桃树施肥合理有利于核桃园丰产、稳产。核桃每年的生长、结实需要大量营养的供应，特别是建园之初核桃幼树阶段，核桃处于生长旺盛时期，如果幼树发育不良将直接导致盛果期的减产量。在核桃树生长期，土壤肥料迅速被幼树吸收，而核桃树施肥不足，营养失调，削弱器官的生长发育，易造成"小老树"。只有充分了解当地的土壤结构，合理施肥，不断补充土壤中核桃树急需的养分，才能满足其生长发育的需要。现代农业提倡的测土配方施肥可改善土壤的机械组成和土壤结构，有利于核桃幼树的根系发育，促进花芽分化，调节生长与结果的关系，使幼树提早结果。进入丰产期的核桃树合理施肥可保证果园稳产、丰产。

核桃的需肥特点是，氮、磷、钾等常量元素消耗较多，其中以氮素最多。氮素供应不足是核桃生长结果不良的主要原因。因此应加强氮素肥料的施用，同时合理配施磷钾肥。基肥施用以迟效性的有机肥为主。追肥要用速效性化肥，其中复合肥效果更好、养分更为全面。

2. 果树营养元素盈亏与果园土壤类型的关系

（1）氮。土壤中氮素的主要来源是有机质，因此，缺乏有机质的土壤和多雨地区的砂土最容易缺氮。氮素是果树整个生长周期都需要的营养元素，无论哪种土壤，如不使用氮肥都可能发生缺素。

（2）磷。最常见的缺磷土壤有以下几种：高度风化并呈酸性反应；石灰性土壤中磷含量可能很高，但对植物无效；泥炭和腐殖土多半需要施磷。另外，还有一些因素可能影响磷的有效性，例如土壤温度低，磷的有效性就低，土壤温度高，对植物有效的磷就多；酸化石灰性土壤，或在土壤中施用厩肥或有机质都会增加土壤中的有效磷。

（3）钾。通常所见缺钾的土壤有：轻砂土，其中的钾被淋洗；酸性土壤；泥炭和腐殖土。易固定钾的土壤：如伊利石、蛭石，被高度淋洗的红壤。

（二）施肥量的确定

核桃树在不同物候期内，营养分配中心不同。因此，核桃树的施肥应针对每一时期营养分配的特点进行。增施肥料于发芽前、落花后及硬核期、采果后等关键时期施肥，其中发芽前、落花后施肥以氮肥为主，根据树冠大小、结果量的多少，施入尿素 0.5～1.5 kg/株；硬核期应以磷酸二氢钾+硫酸钾为主，株施 1.0 kg 左右；采果后施肥应以有机肥为主。影响种仁饱满的主要因素有硬核期养分的供给和 8 月的气温，要注意增施肥料，促使核桃饱满。

核桃施肥应以田间试验和土壤测试为基础，根据核桃需肥规律、土壤供肥特性和肥料效应，在合理施用有机肥的基础上，提出氮、磷、钾以及中、微量元素等肥料的品种、施肥时期、施肥比例和施用方法，即平衡施肥或测土配方施肥。

核桃树每生产 100 kg 干果，需从土壤中吸取氮 1.465 kg、磷 0.187 kg、钾 0.47 kg、钙 0.155 kg、镁 0.093 kg、锰 0.031 kg。

薄皮早实核桃结果早，为了确保树体与产量同步增长，施肥量应高于晚实核桃。核桃矮密丰产栽培应注意以下问题：由于核桃进行矮化密植栽培后，单位面积枝叶生长量大，对土壤养分、水分的消耗量增加，因而要保证充足的肥水供给，以利高产。薄皮核桃需肥情况因树龄、树势、结果量以及环境条件等的变化而不同，还与肥料种类、土壤条件、供肥状况有关。一般施入的肥料并没有全部被核桃树吸收，一部分由于风吹日晒而分解挥发，一部分被浇水冲洗而流失，只有一小部分被核桃树吸收利用。合理施肥量的确定应根据测土分析的结果，推算出核桃树每年从土壤中吸收各元素的数量，扣除土壤中可供给的量，再考虑肥料利用情况，其计算公式为

施肥量 =（果树吸收元素总量 – 土壤供肥量）÷肥料利用率

肥料用量=目标产量×单位产量养分吸收量×（1 – 土壤养分贡献率）÷肥料当季利用率÷肥料养分含量

根据近两年的试验，新疆核桃园不同土壤间差异很大，果园土壤供肥力的平均值为氮 20%、磷 25%、钾 40%。肥料利用率受多种因素的影响，如肥料的特性、施肥时间和方法、气候条件等不同，果园之间差异也很大，平均值为氮肥 30%、磷肥为 18%、钾肥为 50%、有机肥为 30%～40%。

新疆核桃园土壤肥力见表 5-2，各核桃产区略有不同，可作参考。

表 5-2　新疆核桃园的土壤肥力

土壤养分	极低	低	中	高	极高
有机质/%	0.5 以下	0.5～1.0	1.0～2.0	2.0～2.5	2.5 以上
有效钙/（mg/kg）	100 以下	100～200	200～400	400～1 000	1 000 以上
有效镁/（mg/kg）	25 以下	25～50	50～100	100～250	250 以上
碱解氮/（mg/kg）	30 以下	30～50	50～70	70～90	90 以上
有效磷/（mg/kg）	10 以下	10～20	20～30	30～40	40 以上
有效钾/（mg/kg）	100 以下	100～150	150～210	210～250	250 以上
有效铁/（mg/kg）	2.5 以下	2.5～10.0	10～15	15～20	20 以上
有效锌/（mg/kg）	0.5 以下	0.5～1.0	1.0～2.0	2.0～3.0	3.0 以上
有效锰/（mg/kg）	2.0 以下	2.0～5.0	5.0～7.0	7.0～10.0	10.0 以上
有效硼/（mg/kg）	0.25 以下	0.25～1.0	1.0～2.0	2.0～3.0	3.0 以上

（三）施肥时期

1. 基肥

多以迟效性有机肥为主，可秋施也可春施，一般以秋施为好。秋季核桃果实采收前后，树体内的养分被大量消耗，且根系处于生长高峰，急需补充大量养分。在采收后，即 9—10 月施入为最佳时间。施肥以有机肥为主，加入部分速效性氮肥或磷肥为好。施基肥可采用环状施肥、放射状施肥或条状沟施肥等方法。以开沟 50 cm 左右深施，结合秋季深翻改土施入最好。施肥时一定要注意全园普施、深施，然后灌足水分。

2. 追肥

追肥是为了满足树体在生长期急需的养分，特别是生长期中的几个关键需肥时期，而以施入速效性肥料为主。追肥的次数和时间与气候、土壤、树龄、树势诸多因素均有关系，宜少量多次。薄皮核桃全年生长中，开花坐果时期是需肥的关键时间，幼龄树核桃每年需追肥 3 次，成年核桃树追肥 3 次为宜。

（1）第一次追肥。早实核桃一般在 4 月上中旬雌花开放之前施入。肥料以速效性氮肥为主，如磷酸氢铵、尿素或果树专用的复合肥料。施肥方法以放射状施肥、环状施肥、穴状施肥均可，深度 20 cm 左右。

（2）第二次追肥。早实核桃开花后，5 月中下旬施入。及时追施氮肥可减少落果，促进果实的发育和膨大，同时促进新梢生长和木质化形成。肥料以速效性氮肥为主，增施适量的磷肥（过磷酸钙、磷矿粉等）和钾肥（硫酸钾、氯化钾等）。施肥方法同第一次追肥。

（3）第三次追肥。结果期核桃 6 月下旬硬核后施入，以磷肥和钾肥为主，适量施氮肥。施肥方法同第一次追肥。

早实薄皮核桃施肥量可见表 5-3。

表 5-3　核桃树施肥量标准

时期	树龄/年	每株树平均施肥量（有效成分）/g			有机肥/kg
		氮	磷	钾	
幼树期	1～3	50	20	20	5
	4～6	100	40	50	5
结果初期	7～10	200	100	100	10
	11～15	400	200	200	20
盛果期	16～20	600	400	400	30
	21～30	800	600	600	40
	＞30	1 200	1 000	1 000	＞50

三、施肥方法

核桃树施肥方法主要有土壤施肥和根外施肥两种。

（一）土壤施肥

土壤施肥必须与核桃树根系的分布相适应，要将肥料施在根系集中分布层内，以利于根系吸收。根系有趋肥性，因此有机肥应施在距根系集中分布层稍远、稍深处。成年树根深冠大，宜深施，范围宜大；幼树根系分布范围窄而浅，宜浅施。

对于沙地、坡地或山地多雨地区，肥料在土壤中容易淋溶流失，应在需肥的关键时期施入。

核桃树的施肥还必须根据肥料种类和特点施用。有机肥属于长效肥料，分解慢，以深施为好。速效性的化肥肥效短，且易溶解，在土壤中渗透性强，一般宜做追肥浅施。化肥中氮肥在土壤中移动性较强，浅施能够渗透到根系密集层被吸收利用；磷肥在土壤中移动性差，且容易被固定转化成不溶于水的磷酸盐，不利于根系吸收，所以磷肥以深施到根系集中分布层最好；磷肥与有机肥混施比单施效果好。土壤施肥时应注意施肥方法每年要交替使用；在挖沟施肥时，要尽可能减少伤根，尤其是直径 0.5 cm 以下的根要加强保护。

施肥方法大致有沟施和穴施两种。目前，2～6 年生薄皮核桃树常采用的施肥方法有条沟施肥和穴状施肥两种。6 年以上核桃树可采用环状沟施肥法、放射沟施肥法和全园施肥法。

（1）条沟施肥。在核桃树行间或株间开沟施肥，沟宽、深度各为 30～50 cm。此法多用于成年密植园。

（2）穴状施肥。在树冠外围稍远处每隔 50 cm 左右，环状挖若干个宽、长各 30 cm 左右、深 20～30 cm 的穴，将肥料施入穴中。此法多用于追肥。

（3）环状沟施肥。也叫轮状沟施肥。在树冠外围稍远处挖宽 30～50 cm，深 40 cm 左右的环状沟施肥。将有机肥与表土混合，施入沟内，其上盖一层土。环状施肥易切断水平根，为避免伤根过多，可将环状沟中断为 3～4 个沟，环状沟施肥法多用于幼树施基肥。

（4）放射沟施肥。在树冠下，幼树以主干为中心，从距主干 50 cm 处向外挖 4～6 条沟施肥。沟宽、深度 30～50 cm，以不伤大根为宜，长 80～100 cm，将肥料与表土混合施入沟底，将沟填平覆土。大树可将放射沟与环状沟结合使用，使根系分布范围内有较多的养分。此法适合盛果期核桃园施基肥。

（5）全园施肥。将肥料撒于树盘、行间。生草条件下，把肥料撒在草上即可。全园施肥后配合灌溉，肥料利用率高。这种方法施肥面积大，利于根系吸收，适合成年树、密植树、纯核桃园、核桃与粮间作地区。结合灌水追施速效性氮肥时可使用此法。

（6）冲施肥。是一种随浇灌而施用的肥料，冲施肥既可以是大中量元素肥料

（如 N、P、K、Ca、Mg 等），还可以是微量元素肥料（如 Zn、Mn、Fe、Mo、Cu、B 等）。由于具有使用简便、作物易吸收、肥效好等突出优点，受到广大农民欢迎。近年来冲施肥的研制开发和使用推广发展很快，特别在密植薄皮核桃园已得到了大面积应用，取得了良好的经济效益和社会效益。

冲施肥的品种类型从物理性状上，可分为液体桶装和固体粉末袋装两种。从化学性状及营养成分上可分为三种：一是无机类型，如磷酸二氢钾、尿素、高钙型、高钾型等；二是有机类型，如磷酸二氢钾型黄腐酸、氨基酸型、腐殖酸海洋生物型等；三是微生物类型，如酵素菌型等。

（二）根外追肥

又叫叶面喷肥。合理根外追肥可以提高坐果率，促进果实增大，增进品质，充实枝条，增强抗性等。根外追肥简单易行，用肥少，既可满足树体对营养元素的急需，又可避免某些元素在土壤中被固定；不受树体营养中心的影响，营养可以就近分配利用，核桃树的中小枝和下部的枝条都可以得到营养；吸收利用快，在矫治缺素症方面具有立竿见影的效果。

根外追肥可结合花期喷水进行，可提高坐果率、防治病虫害。叶面喷肥主要通过叶片上的气孔和角质层吸收营养，一般喷后 15 min～2 h 即可被吸收利用。但吸收强度与叶龄、肥料成分及溶液浓度有关。一般喷施尿素等肥料浓度以 0.3%～0.5%为宜，磷酸二氢钾以 0.5%～1%、硼砂以 0.1%～0.3%为宜，最后一次叶面肥喷施在距果实采收期前 20 天进行为宜。从叶片的吸收能力看，幼叶生理机能旺盛，气孔所占比例大，较老叶吸收快。叶背面气孔多，且具有较松散的海绵组织，细胞间隙大，有利于渗透或吸收。操作时，应注意把叶背面均匀喷到。叶面喷肥的最适温度为 18～25℃，夏季最好在中午 12 时前和下午 18 时后进行，以免气温过高溶液浓缩快，影响喷肥效果，避免药害的发生。

1 年生薄皮核桃树全年喷施 2～3 次。结合植保进行，前期（7 月中旬前）以氮肥（尿素）为主；后期以磷、钾肥（磷酸二氢钾）为主，同时可补施果树生长发育所需的微量元素肥料。用量为尿素 0.3%～0.5%、磷酸二氢钾 0.2%～0.3%。

2 年以上生的薄皮核桃树全年喷施 4～5 次。可与花期喷水和病虫害防治相结合，叶面喷肥最适宜温度是 18～25℃，避开高温天气进行。一般生长前期 2 次，以氮肥为主；后期 2～3 次，以磷、钾肥为主，同时可补施果树生长所需的微量元素肥料。用量为尿素 0.3%～0.5%、磷酸二氢钾 0.2%～0.3%、硼砂 0.1%～0.3%。

（三）施肥时期和施肥量

新疆核桃园建议使用酸性肥料，磷肥使用磷酸一铵和磷酸脲，磷酸一铵（MAP）在土壤中溶解后 pH 在 4.4 左右，有利于作物吸收利用率。磷酸二铵（DAP）在土壤中溶解后 pH 在 8.0 左右，如果是碱性土壤，就可能释放出氨，使核桃根系受到伤害，因此碱性土壤慎用弹酸二铵（DAP）。磷酸一铵（MAP）与尿素混合，能减少氢挥发损失，提高肥料利用率。磷酸脲作为肥料及盐碱土改良剂施入土壤，能够有效降低土体或者土壤微区的 pH，改变土壤酸碱平衡，从而起到改善土壤理化性质、改良土壤结构、促进作物生长等作用。

1. 秋施基肥

秋施基肥的目的在于增加树体的贮藏营养，满足第二年萌芽、花芽分化、开花坐果的需要。应尽量早施基肥，以核桃采收前施入基肥为好，一般在 9—10 月中下旬。此时，叶片仍有较高的光合效能，且根系活动旺盛，昼夜温差较大，有利于有机营养的积累。

（1）1～3 年生核桃树

基肥（秋施 9 月中下旬）：株施腐熟农家肥 5～15 kg+尿素 0.15～0.2 kg+磷酸一铵 0.1～0.15 kg。

（2）4～7 年生核桃树

基肥（秋施 8—9 月中下旬）：株施农家肥 30～50 kg+磷酸一铵 0.15～0.20 kg+硫酸钾（含量 50%）0.1～0.15 kg。

（3）8 年以上生核桃树

基肥（秋施 8—9 月中下旬）：株施腐熟有机肥 80～120 kg+磷酸一铵 0.4～0.5 kg+硫酸钾（50%）0.15～0.2 kg。

2. 追肥

有条件的核桃园提倡进行测土配方施肥。

（1）1～3 年生核桃树

第一次萌芽肥（3 月下旬）：株施尿素 0.25～0.30 kg+磷酸一铵 0.1～0.15 kg。

第二次（5 月上中旬）：株施尿素 0.15～0.2 kg+磷酸一铵 0.2～0.25 kg、硫酸钾（50%）0.2～0.25 kg。

第三次（7 月上中旬）：三年生核桃株施磷酸一铵 0.1 kg，1～2 年生可不施。

（2）4～7 年生核桃树

第一次萌芽肥（3 月下旬）：株施尿素 0.3～0.4 kg+磷酸一铵 0.15～0.3 kg。

第二次促果肥（5 月上中旬）：株施尿素 0.25～0.3 kg+磷酸一铵 0.25～0.35 kg+硫酸钾（含量 50%）0.25～0.3 kg。

第三次壮树肥（7 月上中旬）：株施磷酸一铵 0.25～0.35 kg+硫酸钾（含量 50%）0.25～0.3 kg。

（3）8 年以上核桃树

花前肥（3 月下旬）：株施尿素 0.6～0.7 kg+磷酸一铵 0.6～0.7 kg+硫酸钾 0.15～0.2 kg。

第二次促果肥（5 月上中旬）：株施尿素 0.3～0.4 kg+磷酸一铵 0.8～1.2 kg+硫酸钾（含量 50%）0.3～0.5 kg。

第三次壮树肥（7 月中旬）：株施磷酸一铵 0.8～1.2 kg+硫酸钾 0.3～0.5 kg。

四、核桃树缺素症和防治方法

（一）营养诊断

（1）氮。缺氮时植株生长不良，叶面积小，落花落果严重，新梢生长量小，树势衰弱，寿命较短；如果含氮过多，则枝叶旺长，落花落果严重，产量低，树体休眠延迟，抗性差。

（2）磷。缺磷时树体一般很衰弱，叶子稀疏，叶片出现不规则黄化，落叶提前；果实发育不良，产量降低；果实含糖量减少，对不良环境的抵抗力弱。

（3）钾。缺钾时，开始叶片变灰白，而后小叶叶缘呈波状内卷，叶背呈淡灰色，叶子和新梢生长量降低，如果缺钾严重，叶片边缘会出现焦枯状褐斑。

（4）钙。缺钙时，叶片小，扭曲，叶缘变形，并经常出现斑点或坏死，花朵萎缩，枝条枯死，根系生长粗短弯曲，甚至形成根癌病，造成植株死亡。

（5）硼。缺硼时树体生长缓慢，枝条纤细，节间变短，小叶呈不规则状，花序小，落花落果严重。

（6）镁。缺镁时，大叶上有黄褐色斑点，中间叶脉失绿变黄。

（7）锰。缺锰时，最新成熟叶片脉间失绿。

（8）锌。缺锌时，小叶新梢先端黄化，后全叶脉间失绿呈坏死斑点。

（9）铁。缺铁时，幼嫩叶脉间失绿发白，但叶脉仍绿。

（10）铜。缺铜时，叶尖变白，叶细而扭曲。

核桃的营养元素及其较适合浓度见表 5-4。

表 5-4　核桃的营养元素及其较适合浓度

营养元素		植物可利用的形态	在干组织中的含量百分率/%
大量营养元素	碳（C）	CO_2	45
	氧（O）	O_2，H_2O	45
	氢（H）	H_2O	6
	氮（N）	NO_3^{3-}，NH_4^{4+}	5
	钾（K）	K^+	1.0
	钙（Ca）	Ca^{2+}	0.5
	镁（Mg）	Mg^{2+}	0.2
	磷（P）	$H_2PO_4^-$，HPO_4^{2-}	0.2
	硫（S）	SO_4^{2-}	0.1
微量营养元素	氯（Cl）	Cl^-	0.01
	铁（Fe）	Fe^{3+}，Fe^{2+}	0.01
	锰（Mn）	Mn^{2+}	0.005
	硼（B）	BO_3^{3-}，$B_4O_7^{2-}$	0.002
	锌（Zn）	Zn^{2+}	0.002
	铜（Cu）	Cu^{2+}，Cu^+	0.000 6
	钼（Mo）	MoO_4^{2-}	0.000 01

（二）缺素防治方法

核桃树缺素症虽时有发生，但只要防治得法，亦可避免危害。生产上主要采取根施和叶面喷肥的方法进行防治。秋冬季节结合基肥施入一定量的微量元素肥料，对核桃树缺素症有良好的防治效果，且持续时间长。根据缺素症状在秋冬施基肥时，把所缺微肥与有机肥混合均匀后施入树下，施肥后及时浇水，以便根系尽早恢复吸收功能，提高树体的储存量。对于生长季节表现缺素症状的核桃树可在叶面喷施微肥，及早消除或减轻缺素对核桃树的影响。具体方法如下：

（1）缺氮。土壤瘠薄，管理粗放，缺肥和杂草多的果园，易表现缺氮症。通常生产上施用尿素和硝酸盐氮肥加以补充。如在雨季和秋梢迅速生长期，树体需要大量氮素，而此时土壤中氮素很容易流失，可用0.5%～0.8%尿素溶液喷施树冠。

（2）缺磷。果园缺磷包括土壤中含磷量少和土壤中缺乏有效磷两种情况。在土壤含钙量多或酸度较高时，土中磷素被固定，不能被果树吸收，从而造成缺磷。另外，在疏松的、有机质多的土壤上，常有缺磷现象发生。对缺磷果树，应多施颗粒磷肥或与堆肥、厩肥混施，也可于展叶后叶面喷肥 3%～5%的过磷酸钙浸出液。

（3）缺钾。在细沙土、酸性土以及有机质少的土壤中，易表现缺钾症。为避免缺钾，应增施有机肥，如厩肥和农家肥。缺钾果树于6—7月追施钾肥（如草木灰、硝酸钾、磷酸二氢钾、氯化钾、硫酸钾等）后，叶片和果实都能逐渐恢复正常；若生长期发现果树缺钾，及时用3%～10%草木灰浸出液叶面喷施，也有良好效果。

（4）缺钙。当土壤酸度较高时，钙很容易流失，导致果树缺钙。另外，前期干旱而后期大量灌水，或偏施、多施速效氮肥，特别是生长后期偏施氮肥，均会降低果实钙的含量，从而加重露仁的发生。为防治果树缺钙，应增施有机肥和绿肥，改良土壤，早春注意浇水，雨季及时排水，适时适量施用氮肥，促进植株对钙的吸收。在酸性土果园中适当施用石灰，可以中和土壤酸度、提高土壤中置换性钙含量，减轻缺钙症。对缺钙果树，可在生长季节叶面喷施 1 000～1 500 倍硝酸钙或氯化钙溶液，一般喷 2～4 次。

（5）缺锌。在沙地、瘠薄地或土壤冲刷较重的果园中，土壤含锌盐少且易流失，而在碱性土壤中锌盐常转化为难溶状态，不易被植物吸收；另外，土壤过湿，通气不好，会降低根吸收锌的能力，这些情况都可以使果树发生缺锌症。对缺锌果树，可在发芽前 3～5 周，结合施基肥施入一定量的锌肥。在树下挖放射状沟，每株成年结果树施 50%硫酸锌 1～1.5 kg 或 0.5～1 kg 锌铁混合肥，第 2 年即可见效，持效期较长；但在碱性土壤上无效。在萌芽前喷 2%～3%、展叶期喷 0.1%～0.2%、秋季落叶前喷 0.3%～0.5%的硫酸锌溶液，重病树连续喷 2～3 年。

（6）缺硼。河滩砂地或砂砾地果园，土壤中的硼和盐类易流失，易发生缺硼症。另外，土壤过干、盐碱或过酸，化学氮肥过多时也能造成缺硼。对于缺硼果树，可于秋季或春季开花前结合施基肥，施入硼砂或硼酸。施肥量因树体大小而异，每株大树施硼砂 150～200 g，小树施硼砂 50～100 g，用量不可过多，施肥后及时灌水，防止产生肥害。根施效果可维持 2～3 年，也可喷施，在开花前，开花期和落花后各喷 1 次 0.3%～0.5%的硼砂溶液。溶液浓度发芽前为 1%～2%，萌芽至花期为 0.3%～0.5%。碱性强的土壤硼砂易被钙固定，采用此法效果好。

（7）缺铁。果树缺铁的原因比较复杂，一般土壤中并不缺铁，只是由于土壤碱性过大，有机质过少，土壤不通透或土壤盐渍化等原因，使表土含盐量增加，土中可以吸收的铁元素变成了不能吸收的铁元素。防治黄叶病，首先应注意改良土壤、排涝、通气和降低盐碱。春季干旱时，注意灌水压碱，低洼地要及时排除盐水；增施有机肥料，树下间作豆科绿肥，以增加土中腐殖质，改良土壤。发病严重的树发芽前可喷 0.3%～0.5%硫酸亚铁（黑矾）溶液，或在果树中、短枝顶部 1～3 片叶失绿时，喷 0.5%尿素＋0.3%硫酸亚铁，每隔 10～15 天喷 1 次，连喷 2～3 次，效果显著。对缺铁果树，也可结合深翻施入有机肥，适量加入硫酸亚铁，但切忌在生长期施用，以免产生肥害。

（8）缺镁。在酸性土壤或砂质土壤中镁容易流失，常会引起缺镁症。轻度缺镁果园，可在 6 月、7 月叶面喷施 1%～2%硫酸镁溶液 2～3 次。缺镁较重的果园可把硫酸镁混入有机肥中根施，每亩施镁肥 1～1.5 kg。在酸性土壤中，为了中和土壤酸度可施镁石灰或碳酸镁。

（9）缺锰。缺锰果园可在土壤中施入氧化锰、氯化锰和硫酸锰等，最好结合施有机肥分期施入，一般每亩施氧化锰 0.5～1.5 kg、氯化锰或硫酸锰 2～5 kg。也可叶面喷施 0.2%～0.3%硫酸锰，喷施时可加入半量或等量石灰，以免发生肥害，也可结合喷布波尔多液或石硫合剂等一起进行。

第三节　灌水

一、浇水时期

核桃属于生长期需较多水分的树种。一般情况下，年降水量在 600～800 mm，且降水量分布均匀的地区，可满足核桃生长发育的需要，不需要灌水。但在降水量不足或年分布不均的地区，就要通过灌水措施补充水分。

（一）核桃的需水特性

核桃对空气的干燥度不敏感，但对土壤的水分状况比较敏感，在长期晴朗却干燥的天气，充足的日照和较大的昼夜温差条件下，只要有良好的灌溉条件，就能促进核桃大量开花结实，并提高果仁品质和产量。核桃幼龄期树在生长季节若前期干旱、后期多雨，枝条易徒长，造成越冬抽条；土壤水分过多，通气不良，根系的呼吸作用会受阻，严重时使根系窒息，影响树体生长发育。土壤过旱或过湿均会对核桃的生长和结实状况产生不良影响。因此，根据核桃树的代谢活动规律，科学灌水和排水，才能保证树体的根、枝、叶、花、果的正常分化和生长，达到核桃优质高效生产的目的。

一年当中，树体的需水规律与器官的生长发育状况是密切相关的。关键时期缺水，会产生各种生理病害，影响核桃树体正常生长发育和结实。因此，要通过灌水来保证核桃生长发育的需要。但灌水的时间与次数，灌水量应根据天气、树龄、树冠大小、树体反应、土壤质地、土壤湿度和灌水方法确定。一般认为，当田间最大持水量低于 60% 时，容易出现叶片萎蔫、果实空壳、产量下降等问题，此时应及时进行灌水。

（二）灌水时期的确定

核桃树属于生长期需水分较多的树种。水分供给是通过根系从土壤中吸收，然后被运送到树体的地上部各器官的细胞中，由于细胞膨压的存在才使各器官保持其各自的形态。

叶片的光合作用，必须有水的参与才能持续进行，叶片制造的有机养分，都要通过溶液形态才能运送至树体的各个部位。根系吸收的养分，只有通过水的作用，才能被根系吸收或转运到地上部各器官。

总体来说，核桃树的一切生理活动，如光合作用、蒸腾作用、养分的吸收和运转都离不开水。没有水，就没有树体的生命活动。

我国南方核桃产区，年降水量在 800～1 000 mm，不需要灌水，但北方的年降水量却在 500 mm 及以下，并且经常出现春季、夏季雨水分配不均、缺水干旱的现象，应该通过灌水补充水分。

灌水时期应根据当地的物候期具体确定。以下是核桃生长发育过程中几个需水关键时期，如果缺水，需要通过灌溉及时补充水分。

（1）春季萌芽开花期。3—4 月，要完成萌芽、抽枝、展叶和开花等过程，树体需水较多。此期如果缺水，就会严重影响新根生长、萌芽的质量、抽枝快慢和开花的整齐度。因此，每年要灌透萌芽水。

（2）开花后。5—6 月，雌花受精后，果实进入迅速生长期，占全年生长期的80%以上。同时，雌花芽的分化已经开始，是全年需水的关键时期。干旱时，要灌透花后水。

（3）花芽分化期。6—8 月，核仁的发育刚开始，并且急剧而迅速，同时花芽的分化也正处于高峰时期。需要进行灌水，如遇长期高温干旱的年份，需要灌足水分。

（4）果实硬壳水。一般 7—8 月的高温，会影响核桃的发育，出现半仁或空壳，在此期如果出现高温天气，应采用浇水或树盘覆草的方法，降低地温，使枝梢生长速度趋缓，以利核仁生长。

（5）封冻水。10 月末至 11 月落叶前，树体需要进行调整，应结合秋施基肥灌足封冻水。一方面可使土壤保持良好的墒情，另一方面，此期灌水能加速秋施肥快速分解，有利于树体吸收更多的养分并进行贮藏和积累，提高树体新枝的抗寒性。

（三）标准灌水量的确定

最适宜的灌水量，应在一次灌溉中能使核桃根系分布范围内的土壤湿度达到最有利于生长发育的程度，若只浸润表层或上层根系分布不能达到灌水的要求。由于多次补充灌溉容易引起土壤板结，因此，必须一次灌透。对于灌水量的计算方法有多种，这里只介绍一种比较常用的。根据不同土壤的持水量，即根据灌溉前的土壤湿度、土壤容重、要求土壤浸湿的深度，计算一定面积的灌水量，公式如下：

灌水量=灌水面积×土壤浸湿深度×土壤容重×（田间持水量−灌溉前土壤湿度）

假设要灌溉 1 亩核桃园，使 1 m 深度的土壤湿度达到田间持水量（23%），该土壤容重为 1.25，灌溉前根系分布层的土壤湿度为 15%。按上述公式计算，1 亩灌水量= $10\,000×1×1.25×（0.23～0.15）=1\,000\,m^3$。灌溉前的土壤湿度，在每次灌水前均需测定；田间持水量、土壤容重、土壤浸湿深度等项，可数年测定 1 次。

对于许多无法掌握灌水量的种植户，可根据自己的种植经验进行灌水。

在阿克苏地区的"温 185"，树龄 9 年生，树高 6～7 m，株行距 3 m×6 m，冠辐 5～5.5 m。渠水灌溉，生育期灌溉 5～7 次，每次灌水 $100\,m^3/$亩，生育期灌水量为 $500～700\,m^3/$亩。

二、灌水方法

随着农业现代化的发展，灌水方法也越来越科学化、集约化，不但节约用水，而且提高了肥料的利用率。目前生产上薄皮核桃常用的灌溉方法有漫灌、沟灌、微灌、喷灌、滴灌、膜下滴灌等。有条件的核桃园提倡使用滴灌技术。

（1）漫灌。核桃树全园浇水，不分树盘和行间全部进行浇水。

（2）沟灌。在核桃园行间开沟深 20～50 cm、宽 30～50 cm 的灌溉沟或利用核桃树保护带，将水引入，进行灌溉。沟灌法的优点是湿润土壤均匀，水量损失小，可以减少土壤板结和对土壤结构的破坏，土壤通气良好，有利于土壤微生物的活动。同时，果树的根系有明显的趋水性，有利于引导果树根系向行间发育，扩大果树的营养吸收范围，有利于果树的生长。因此，沟灌是核桃园较合理又节水的一种地面灌水方法。

（3）喷灌。是在水源附近设置水泵，通过埋在地下的输水干管、支管和毛管进行灌溉的方法。喷灌设计管道时要考虑有一定的压力，以便把灌溉水通过管道送达喷头，形成水滴喷洒。设置喷灌还要考虑水质，含盐量大于 0.3%～0.5%的水源不能作为喷灌用水。喷灌有显著的节水、省工、占地面积小、不受地形限制、灌水均匀等优点，但大风、高温天气下不能喷洒均匀，蒸发损失较大。此外，喷灌设施的投资比一般的地面灌水投资要高。

（4）膜下滴灌。顾名思义，是在膜下应用滴灌技术。即在滴灌带或滴灌毛管上覆盖一层地膜。这种技术的流程是：通过可控管道系统供水，将加压的水经过过滤设施滤"清"后，和水溶性肥料充分融合，形成肥水溶液，进入输水干管—支管—毛管（铺设在地膜下方的灌溉带），再由毛管上的滴水器一滴一滴地均匀、定时、定量地浸润作物根系发育区，供根系吸收。将滴灌管放在膜下，或利用毛管通过膜上小孔进行灌溉，这称作膜下灌，这种灌溉方式既具有滴灌的优点，又具有地膜覆盖的优点，节水增产效果更好。

（5）滴灌。在干旱缺水的地区，栽植薄皮核桃时，在幼树期可进行滴灌。在滴灌时可结合水溶性肥料进行施肥。在滴灌施肥时，先滴 1 h 清水，再滴 3～4 h 肥水，然后再滴 1 h 清水。

三、排水

核桃树对地表积水和地下水位过高均很敏感。积水易使根部缺氧窒息，影响根系的正常呼吸。如积水时间过长，叶片萎蔫变黄，严重时整株死亡。此外，地下水位过高，会阻碍根系向下伸展。我国大部分核桃产区为山地或丘陵区，自然排水良好，只有少数低洼地区和河流下游地区，常有积水和地下水位过高的情况。常用的降低地下水位和排水的主要方法有：

（1）降低水位。在地下水位较高的地区，可挖深沟降低水位。根据核桃树根系深度，可挖深 2 m 左右的排水沟，使地下水位降到地表 1.5 m 以下。

（2）排除地表积水。在低洼积水地区，可在周围挖排水沟，既可阻止园外水流入，又可排除园内地表积水。

第四节 新疆核桃"水肥一体化"管理措施

核桃滴灌条件下核桃耗水量两个最大峰值在 6 月 10 日和 8 月 20 日, 开花期、膨大期土壤水分下限为 60%, 硬核期为 50%, 耗水量萌芽期及开花期以地表蒸发为主, 6—8 月核桃封行以叶面蒸腾为主, 平均节省肥料 350～400 元/亩。核桃 5 月上旬至 9 月上旬, 轻壤土每隔 10～15 天滴水滴肥一次, 全年滴水滴肥 8～10 次。沙土每隔 7～10 天滴水滴肥一次, 全年滴水滴肥 12～20 次。9 月上旬停水停肥。

（1）滴水滴肥。随水施肥, 滴灌水肥一体化。

轻壤土幼龄核桃全年滴灌的最优灌水量 350 方/亩, 盛果期丰产园 390 方/亩, 黏土和沙壤根据田间持水量调节灌溉次数和灌溉量。

（2）滴水量。幼龄树为 15～25 m^3/亩·次, 盛果期树为 25～30 m^3/亩·次, 每次滴水量以地面湿润不积水为宜。

（3）滴肥量。幼龄树每次滴肥 2～5 kg, 全年滴肥量为 20～40 kg/亩; 6 年生以上树每次滴肥 4～8 kg, 全年滴肥量为 40～80 kg/亩。

（4）滴肥种类。选用果树滴灌专用肥料。

核桃幼龄期、盛果期滴灌配肥制度见表 5-5, 表 5-6。

表 5-5 核桃幼龄期滴灌配肥制度（轻壤土）

灌水次序	灌水时间		高氮滴灌肥	高磷钾滴灌肥	灌水周期	每次滴灌时间	灌水定额	净灌溉定额
	始	终	kg/亩	kg/亩	d	h	m^3/亩	m^3/亩
春灌	3 月 5 日	3 月 25 日					100	400
1	5 月 1 日	5 月 7 日	2～4		15	8～10	25	
2	5 月 16 日	5 月 22 日	2～4		15		25	
3	6 月 1 日	6 月 7 日	2～4		10		25	

灌水次序	灌水时间		高氮滴灌肥	高磷钾滴灌肥	灌水周期	每次滴灌时间	灌水定额	净灌溉定额
	始	终	kg/亩	kg/亩	d	h	m³/亩	m³/亩
4	6月11日	6月17日		2～4	10		25	
5	6月25日	7月2日		2～4	15		25	
6	7月10日	7月16日		2～4	10～15	8～10	25	
7	7月25日	8月1日		2～4	10～15		25	400
8	8月7日	8月10日		2～4	15		25	
冬灌	11月5日	11月10日					100	

说明：根据目标产量确定滴肥量。

表 5-6　核桃盛果期滴灌配肥制度（轻壤土）

灌水次序	灌水时间		高氮滴灌肥	高磷钾滴灌肥	灌水周期	每次滴灌时间	灌水定额	净灌溉定额
	始	终	kg/亩	kg/亩	d	h	m³/亩	m³/亩
春灌	3月5日	3月25日					100	
1	5月1日	5月7日	5～8		15		30	
2	5月16日	5月22日	5～8		15		30	
3	6月1日	6月7日	5～8		10		30	
4	6月11日	6月17日		5～8	10	8～10	30	440
5	6月25日	7月2日		5～8	15		30	
6	7月10日	7月16日		5～8	15		30	
7	7月25日	8月1日		5～8	15		30	
8	8月8日	8月10日		5～8	15		30	
冬灌	11月5日	11月10日					100	

说明：根据目标产量确定滴肥量。

第六章　整形修剪技术

核桃树整形修剪是根据核桃的生长结果特性及栽培环境具体情况，通过人为修剪的措施，调节营养生长与生殖生长的关系，同时培养良好的树体结构，改善群体与个体的光照关系，创造早果、丰产、稳产、优质的条件，使树体实现早结果、多结果、结好果，从而达到连年丰产的目的。

第一节　整形修剪的时期

休眠期核桃树体内含大量树液，由于核桃枝条髓心组织大，皮层输导组织丰富，核桃在休眠期修剪有伤流，这有别于其他果树。机械损伤后伤流严重，会造成树体衰退、病虫突破口发生。为了避免伤流损失树体营养，长期以来，核桃树的整形修剪多在生长期进行，即在春季萌芽后（春剪）和采收后至落叶前（秋剪）进行。修剪应以夏季修剪为主，秋末落叶前修剪为辅。

一、夏季修剪

（一）春末、夏初修剪期

4月中旬至5月中旬，从核桃树液开始流动、芽萌动到开花、展全叶，疏除过密枝、交杈枝、病枯枝等，以轻修为主，只动剪、不动锯。

（1）春末。主要实施砧木苗平茬促萌、新栽幼树的定干、回缩促萌培养穗条等技术措施。

（2）夏初。主要实施过密枝、交杈枝、病枯枝的疏除，过长枝的回缩、短截。

（二）仲夏修剪期

6 月初至 7 月下旬。

6 月底之前主要对当年生长芽、枝进行修剪处理，抹除多余芽，疏除过密枝、交权枝、病枯枝，回缩、短截过长枝。7 月间，只进行抹芽、摘心，严禁进行短截。

二、秋季修剪

一般在 9 月下旬至 10 月中旬核桃采收后落叶前。以疏除主枝、大枝、过密枝、交权枝、病枯枝、干枯枝为主，只动锯、不动剪。

第二节　树形

核桃树形有疏散分层形、自然开心形、自然圆头形等。

一、疏散分层形

该树形有明显的中心领导干，一般有 6～7 个主枝，分 2～3 层螺旋形着生在中心领导干上，形成半圆形或圆锥形树冠。第 1 层主枝 3 个，第 2 层、第 3 层主枝 1～2 个，层间距 60～80 cm，每主枝上选留侧枝 2～3 个，第 1 个侧枝距树干水平距离 40～60 cm。疏散分层形树形适用于主干性强的晚实类核桃，其特点是通风透光良好，主枝和主干结合牢固，枝条多、结果部位多，负载量大、产量高、寿命长；但盛果期后树冠郁闭，内膛易光秃，产量便下降。该树形适合生长在条件好的地方和干性强的稀植树。

二、自然开心形

该树形无中央领导干，一般有 2～4 个主枝，其特点是成形快、结果早，各级骨干枝安排较灵活，整形容易，便于掌握。幼树树形较直立，进入结果期后逐渐开张通风透光好，易管理。该树形适于在土层瘠薄、土质较差、肥水条件不良地区栽植的核桃和树姿开张的早实品种。根据主枝的多少，开心形可分为两大主枝、三大主枝和多主枝开心形，其中以三大主枝较常见。依开张角度的大小可分为多干形、挺身形和开心形。

三、自然圆头形

树体结构：全树有 4～6 个主枝，不分层；每个主枝上有 2～3 个侧枝，结果枝组均着生于主枝的两侧和背下；树高控制在 4～4.5 m。这种树形的主要好处是"顺其自然、内膛结果；以果压冠，控制高度；株形紧凑、便于管理"；树形特点：整形容易，树体高大，枝量多，修剪量小，树冠开张，通风透光良好，成形快，早期丰产，果实品质好。

第三节　修剪技术

一、修剪方法

（一）短截

短截是指剪去一年生枝条的一部分。生长季节将新梢顶端幼嫩部分摘除，称为摘心，也称之为生长季短截。在核桃幼树上，常用短截发育枝的方法增加枝量。短截的对象是从一级和二级侧枝上抽生长旺盛的发育枝，剪接长度为 1/4～1/2（留枝长度 50～70 cm），短截后，一般可萌发 3 个左右较长的枝条。在 1～2 年生枝交界轮痕上留 5～10 cm 剪截，类似苹果树修剪的"戴高帽"，可促使枝条基部潜伏芽萌发，一般在轮痕以上萌发 3～5 个新梢，轮痕以下可萌发 1～2 个新梢，如图 6-1 所示。对核桃树上中等长枝或弱枝不易短截，否则会刺激下部发出细弱短枝，髓心较大，枝条不充实，冬季易受冻而逐渐干枯，影响树势。

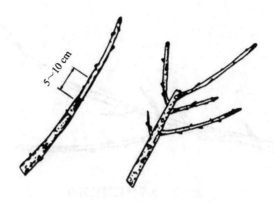

图 6-1　年交界轮痕以上短截的反应

（二）疏枝

将枝条从基部疏除叫疏枝。疏除对象一般为雄花枝、病虫枝、干枯枝、无用的徒长枝、过密的交叉枝和重叠枝等。雄花枝过多，开花时要消耗大量营养，从而导致树体衰弱，修剪时应及时疏除，以节约营养，增强树势。枯死枝除本身无生产价值外，还可成为病虫滋生的场所，应及时剪除。当树冠内部枝条密度过大时，要本着去弱留强的原则，及时疏除过密的枝条，以利通风透光。疏枝时，应紧贴枝条基部剪除，切不可留桩，以利于剪口愈合。

（三）缓放

对枝条不动剪，也叫甩放，其作用是缓和枝条生长势，增加中短枝数量，有利于营养物质的积累，促进幼旺树结果，除背上直立旺枝不易缓放外（可拉平后缓放），其余枝条缓放效果均较好。较粗壮且水平伸展的枝条长放，剪后反而易萌发长势偏弱的小枝，如图 6-2 所示，弱枝不短截，翌年生长一段很易形成花芽。

图 6-2　水平状枝缓放效果

（四）回缩

对多年生枝剪截叫回缩或缩剪，这是核桃修剪中最常用的一种方法。回缩的作用因回缩的部位不同而异，一是复壮作用，二是抑制作用。生产中复壮作用的应用有两个方面：一是局部复壮，例如回缩、更新、结果枝组及多年生冗长下垂的缓放枝等；二是全树复壮，主要是衰老树回缩更新，所谓去弱留强。生产中运用抑制作用主要是为了控制旺、壮、辅养枝，抑制树势不平衡中的强壮骨干枝等，也称为去强留弱。

回缩时，要在剪锯口下留一"辫子枝"。回缩的反应因剪锯口枝势、剪锯口大小不同而异：对细长下垂枝回缩至背上枝处，可复壮该枝；对大枝回缩，若剪锯口距枝条太近，对剪口下第一枝起削弱作用，而加强以下枝的长势。核桃树的伤口愈合能力很强，即便是多年生直径达 30 cm 的大枝，剪锯后仍可愈合良好。

二、整形修剪技术

（一）背后枝的处理

按乔化树顶端优势的原理，同一母枝上顶部枝的生长量较大。而核桃树倾斜着生的骨干枝背后的枝，其生长势多强于原骨干枝头，易产生背后枝比母枝既粗又长的"倒拉"现象，甚至造成原枝头枯死。对于这类枝，一般是在抽生的初期剪除。如果原母枝已经变弱，则可用背后枝代替原枝，将原枝剪除或培养成结果枝组，但必须注意抬高其枝头角度，以防下垂。

（二）徒长枝的利用

徒长枝多是由潜伏芽抽生而成，有时因局部刺激，也能使中长枝抽生出徒长枝。徒长枝生长速度快，生长量大，消耗营养多，如放任生长不加修剪，会扰乱树形，影响通风透光。如果树冠内枝量足够，应及早将徒长枝剪除。如果徒长枝处有空间，或其附近结果枝组已经衰弱，则可利用徒长枝培养成结果枝组，以填补空间或更替衰弱的结果枝组。

培养树形的方法：一是在夏季徒长枝长至 0.5～0.7 cm 时摘心，促发二次枝，形成结果枝组；二是在冬季修剪时，把单个徒长枝留 60 cm 左右短截，使下年分枝形成结果枝组。衰老树枝干枯顶焦梢，或因机械伤害等使骨干枝折断，可利用徒长枝培养骨干枝新的延长枝，以使树冠保持圆满。

（三）二次枝的控制

二次枝多发生在早实核桃上，且在幼龄树抽生较多。由于抽枝晚，生长旺，组织不充实，在北方冬季易发生抽条。如果任其生长，虽能增加分枝，提高产量，但容易造成结果部位外移，使结果母枝后部光秃，干扰丰产，如图 6-3 所示。

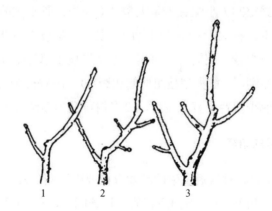

1—二次枝；2—夏季摘心后冬季形态；3—冬季修剪后分枝。

图 6-3　二次枝修剪

其控制方法主要有以下几种。

（1）疏除。为了避免由于二次枝的旺盛生长而过早郁闭，可根据空间的利用程度进行疏除。剪除对象主要是由于生长过旺造成树冠出"辫子"的二次枝。一般只要在二次枝末木质化之前疏除 2 次，就基本可以控制。

（2）去弱留强。在一个结果枝上抽生 3 个以上的二次枝，可在早期选留 1～2 个健壮的，多余全部疏除。

（3）摘心。对选留的二次枝，如果生长过旺，为了促其木质化，控制其向外延伸，可于夏季至秋季摘心。

（4）短截。如果一个结果枝只抽生 1 个二次枝，且长势较强，可于春夏季对其进行短截，以控制旺长，促发分枝，并培养结果枝组。夏季短截分枝效果较好，但春季短截发枝粗壮，其短截程度以中、轻度为宜。

（四）结果枝组的培养与修剪

1. 结果枝组的配置

枝组的配置多依骨干枝的不同位置和树冠内空间的大小来决定。一般情况下，主侧枝的先端即树冠外围，以配置小型结果枝组为主；树冠中部以配置中型结果枝组为主，并根据空间大小配置少量大型结果枝组；骨干枝的下部，即内膛应以大、中型枝组为主。在大、中型枝组之间，要以小型枝组填补空隙；骨干枝距离远，即在树冠内出现较大空间时，可用大型结果枝组填补空间。枝组间距以三级分枝互不干扰为原则，一般大型枝组同侧相距 60～100 cm 为宜。幼树和生长势较强的树，应不留或少留背上直立枝组，衰老树可适当多留背上直立枝组。

2. 结果枝组的培养

（1）先放后缩法。对树冠发生的壮发育枝或中等徒长枝，可先缓放促发分枝，翌年在所需高度于角度开张、方向适宜的分枝处回缩，下一年再去旺留中庸枝。2～3 年后可培养成良好的结果枝组。

早实核桃的连续结果能力很强，中短果枝连续结果后形成的果枝群，可通过缩剪改造成小型结果枝组。

（2）先缩后截法。对生长密集、空间有限的辅养枝，可先缩回来，后部枝适当短截，构成紧凑枝组。多年生有分枝的徒长枝和发育枝，也可先缩先端旺枝，再适当短截后部枝，构成紧凑枝组。

（3）先截后缩法。对徒长枝或发育枝摘心或短截，促发分枝后再回缩，即可培养成结果枝组。

3. 结果枝组的修剪

（1）枝组大小的控制。结果枝要扩大，可短截 1～2 个发育枝，促其分枝扩大枝组。枝组的延长枝最好是折线式延伸，以抑上促下，使下部枝生长健壮。延长枝剪口芽要背面或背侧方，向着空间大的方向发展。较大枝组已无发展空间时，可对其进行控制，方法是回缩至后部中庸分枝上，并疏除背上直立枝，以减少枝组内的总枝量。对已形成的细长型结果枝组，要适当回缩，以形成比例合适的紧凑型枝组。

（2）生长势的平衡。结果枝组的生长势以中庸为宜，枝组生长势过旺时，可利用摘心控制旺枝，冬季疏除旺枝，并回缩至弱枝弱芽处，或去直留平改变枝组角度等，控制其生长势。若枝组衰弱、中壮枝少，可抬高结果枝组的角度并减少花芽量，以促其复壮。

（3）结果枝与营养枝的比例调节。结果枝组应是既能结果又有一定生长量的基本单位。对于大中型结果枝组，需将其结果枝和营养枝调整至恰当的比例，一般为 3 : 1 左右。生长健壮的结果枝组（尤其是早实核桃）一般结果枝偏多，修剪时应适当疏除并短截一部分；生长势弱的结果枝组，常形成大量的弱结果枝和雄花枝，修剪时应适当重截，疏除一部分弱枝和雄花枝，促发新枝。

（4）三杈型结果枝组的修剪。核桃多数品种一年生枝顶部，常常形成 3 个比较充实的混合芽或叶芽，萌发后常能形成三杈形结果枝组。这类枝组如不修剪，可连续结果 2～3 年，由于营养消耗过多，生长势逐年衰弱，以至干枯死亡。对于这类枝组应及时疏剪，在枝组尚强时，可疏去中间强旺的结果母枝，留下两侧的结果母枝。随着枝组的增大，应注意回缩和去弱留强，以维持良好的长势和结果状态，如图 6-4 所示。

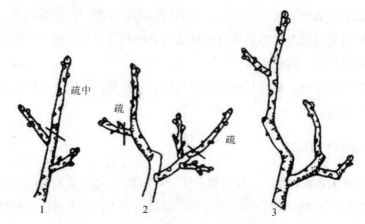

1—三杈枝；2—结果后；3—连续结果状枝。

图 6-4　三杈形结果母枝修剪

（5）结果枝组的更新。枝组年龄过大，着生部位光照不良，过于密集，结果过多，着生在骨干枝背后，枝组本身下垂，着生母枝衰弱等原因，均可使结果枝组生长势衰弱，不能分生足够的营养枝，结果能力明显降低，这种枝组需及时更新。枝组更新要从全树生长势的复壮和改善枝组的光照条件入手，并根据枝组的不同情况采取相应的修剪措施。枝组内的更新复壮，可采取回缩至强壮分枝或角度较小的分枝处，加上剪果枝、疏花果等技术措施。对于过度衰弱、回缩和短截仍不发枝的结果枝组，可从基部疏除。如果疏除后留有空间，可利用徒长枝培养新的结果枝组。如果疏除前附近有空间，也可先培养成新结果枝组，然后将原衰弱枝组逐年去除，以新代老。

第四节　放任园、密植园的修剪

一、放任园的修剪

新疆放任生长的核桃树仍占相当大的比例。一部分幼旺树可通过高接换优的方法加以改造。对大部分进入盛果期的核桃大树，在加强地下管理的同时可进行修剪改造，以迅速提高核桃的品质、产量。

（一）放任生长树的树体表现

（1）大枝过多、层次不清。主枝多轮生、重叠或并生。第一层主干上常有4～7个分枝，中心领导干极度衰弱，枝条紊乱。

（2）结果部位外移。树冠郁闭，通风透光不良，内膛空虚，枝条细弱并逐渐干枯，结果部位外移。

（3）生长衰弱，坐果率低。结果枝细弱，连续结果能力低，落花、落果严重，产量低且隔年结果现象严重。

（4）衰老树自然更新现象严重。衰老树外围焦梢，从大枝中下部萌生新枝，形成自然更新，需重新构成树冠，连续几年产量很少。

（二）放任树改造修剪的方法

（1）树形改造。放任树的修剪应根据具体情况随树作形。如果中心领导干明显，可改造成疏散分层形；如果中心领导干已很衰弱或无中心领导干，可改造成自然开心形。

（2）大枝处理。修剪前要对树体进行全面分析。重点疏除影响光照的密集枝、重叠枝、交叉枝、并生枝和病虫危害枝，留下的大枝要分布均匀，互不影响，以利侧枝的配备。一般疏散分层形留5～7个主枝，特别是第一层要留好3～4个。自然开心形可留3～5个主枝，特别是第一层要留好3～4个。为避免因一次疏除大枝过多而影响树势，可以对一部分交叉重叠的大枝先进行回缩，分年疏除，对于较旺的壮龄树也应分年疏除大枝，以免引起生长势更旺。

（3）中型枝的处理。中型枝是指着生在中心领导干和主枝上的多年生枝。大枝疏除后从整体上改善了通风透光条件，但在局部会有许多着生不适当的枝条。为了使树冠结构紧凑合理，处理时首先要选留一定数量的侧枝，其余枝条采取间隔疏密和回缩相结合的方法，疏除过密枝、重叠枝，回缩过长的下垂枝，抬高枝体位势。大枝疏除较多时，可多留些中型枝。大枝疏除较少时，可多疏除些中型枝。

（4）外围枝的调整。对冗长的细弱枝、下垂枝，必须适度回缩抬高，增强长势。对外围枝丛生密集的要适当疏除。衰老树的外围大部分是中短果枝和雄花枝，应适当疏密和回缩，用粗壮的枝带头。

（5）结果枝组的调整。经过大中型枝的疏除和外围枝的调整，通风透光条件得到了改善，结果枝组有了复壮的机会，可根据树体结构、空间大小、枝组类型（大型、中型、小型枝）和枝组的生长势来确定结果枝组的调整，对枝组过多的树，要选留生长健壮的枝组，疏除衰弱的枝组，有空间的可适当回缩，去掉细弱枝、雄花枝和干枯枝，培养强壮结果枝组结果。

（6）内膛枝组的培养。经过改造修剪的核桃树，内膛常萌发许多徒长枝，要有选择地加以培养和利用，使其成为健壮的结果枝组。常用的两种培养方法：一是先放后缩，即对选留的中庸徒长枝长度到 80～100 cm 时，第一年长放，任其自然分枝，第二年根据需要的高度回缩至角度大的分枝上，翌年修剪时再去强留弱；二是先截后放，即第一年徒长枝长到 60～80 cm 时，采取夏季带叶短截的方法，截去 1/4～1/3，或在 5～7 个芽处短截，促进分枝，有的当年便可萌发出二次枝，第二年除去直立旺长枝，用较弱枝当头缓放，促其成花结果。对于生长势很旺，长度在 1.2～1.5 m 的徒长枝，因其极性强，难以控制，一般不宜选用（疏除）。内膛结果枝组的配备数量，应根据具体情况而定，一般枝组间距为 60～100 cm，做到大、中、小枝相互间交错排列。树龄较小，生长势较强的树，应少留或不留背上直立枝组。衰弱的老树，可适当多留一些背上枝组。

（三）放任树改造修剪的步骤

核桃放任树的改造修剪一般需 3 年完成，以后可按常规修剪方法进行。

（1）调整树形。根据树体的生长情况、树龄和大枝分布，确定适宜改造的树形。然后疏除过多的大枝，利于集中养分，改善通风透光。对内膛萌发的大量徒长枝，应加以充分利用。经 2～3 年培养为结果枝组，对于树势较旺的壮龄树应分年疏除大枝，否则长势过旺，也会影响产量。在去大枝的同时，对外围枝要适当疏密，以疏外养内，疏前促后，树形改造需 1～2 年完成，修剪量占整个改造修剪量的 40%～50%。

（2）稳势修剪阶段。树体结构调整后，还应调整母枝与营养枝的比例，约为3：1，对过多的结果母枝可根据空间和生长势去弱留强，充分利用空间。在枝组内调整结果母枝总量的同时，还应有 1/3 左右交替结果的枝组量，以稳定整个树体生长与结果的平衡。此期间年修剪量应掌握在 20%～30%。

上述修剪量应根据立地条件、树龄、树势、枝量多少灵活掌握，各大、中、小枝的处理要全盘考虑，做到因树修剪，随枝作形。另外，应与加强土肥水管理相结合，否则难以收到良好的效果，如图 6-5 所示。

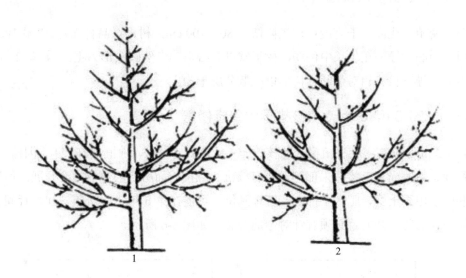

1—修剪前；2—修剪后。

图 6-5　放任树修剪

二、密植园的修剪

新疆建园式核桃栽培在 20 世纪 90 年代以前，种植株行距常在 6～8 m×6～10 m（每亩栽 10～18 株），2000 年前后株行距以 5 m×6 m 为主（每亩栽 22 株），2005 年后逐步推广为 3 m×5 m（每亩栽 44 株），为高密度种植模式。还有在沙漠石砾地段种植为 3 m×2 m、3 m×2.5 m、3 m×3 m 的模式，每亩株数在 70～110 株。核桃这种超高密度的种植方式，由于单位面积内群体数量的增加，前期能够实现早结果、早见效、早进入盛果期的目的。如新疆温宿县核桃林场三队 133 亩密植核桃园在定植的第 5 年，均产量为 65 kg/亩，定植的第 8 年均产量达 286 kg/亩，较稀植园提早 3～5 年进入盛果期。但随之而来产生的问题是行间、株间树冠交接呈郁闭状态，果农对落头、换头、回缩技术没有完全掌握，没有控制住顶端优势，次年产量呈下降趋势，均产量只有 260 kg/亩，且品质下降，空壳半饱满、露仁现象明显。为此对早期计划密植的核桃开展有针对性的修剪是十分必要的。

（一）密植核桃园

密植核桃园定干高度可适当降低为 80～100 cm，树形以品种而定。"温 185"由于中心领导干在生长中偏弱，树形常以开心形、自然圆头形为主。"新新 2 号"中心领导干长势相对强旺，树形以疏散分层形为主。

（二）3 m×5 m 密植核桃园的整修修剪

3 m×5 m 高密度种植模式的核桃园（每亩栽 44 株），种植的前 5 年，因株间、行间、树冠尚未交接、未郁闭，所有核桃树应按前面所述的修剪方法开展。但某些园子由于土壤、肥水条件好，管理到位，可能在第 6 年、第 7 年株间、行间核桃呈现郁闭，修剪就必须有针对性地开展，如图 6-6 所示。

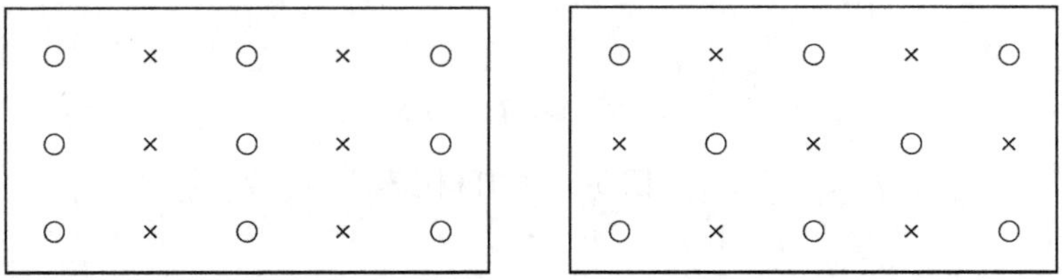

注：○表示永久株，×表示临时株。

图 6-6　密植核桃园整形修剪示意图

（1）确定永久株和临时株。在修剪中标记好永久株和临时株，标记时常以隔株标记为主，隔行标记不多见。

（2）控制临时株为永久株让路。永久株仍按正常方法修剪，临时株则要有目的地控制骨干枝向外延伸生长，疏除强旺主枝延长头，少短截，多疏强旺枝。

（3）拉枝。生长季节，对骨干枝采取强拉的办法，降低生长位势，使枝条尽可能多地转化为结果枝，多结果。用竞争枝替代延长头，减缓生长势。

（4）落头降高。树高达到 4 m 以上，该落头的要强制落头（俗话叫开天窗），避免扫把树，结果部位外移，树高控制在 4.5～5.0 m。

（5）间伐。如果临时株与永久株发生交接，无生长空间，就要让临时株腾让空间；小枝受影响，就要疏除临时株的小枝；大枝受到影响，就要疏除临时株的大枝。从而使永久株的树冠向牢固、大的方向发展，临时株的树冠不断地处于收缩的局面。

（6）永久株提干、疏除过密大枝。去除主干上低于 80 cm 的主枝，去除影响光照的上部内膛大枝，全树保留 6～7 个大枝。

（三）计划密植的核桃园，终端模式为 5 m×6 m

3 m×5 m 计划密植的核桃园，因土壤条件、栽培主栽品种、管护条件的影响，如果临时株到了无法收缩、确无保留价值的时候，待果实采收后，将临时株整株间伐掉。临时株间伐可在一年中一次性伐除，也可视具体情况分 1～3 年时间有序间伐。有序间伐临时株可以使核桃园产量稳中有升，不至于出现大起大落的现象，使品质得到保证，最终使株行距固定在 5 m×6 m 的模式上，达到盛产、稳产的目的。

第七章　灾害防控技术

第一节　综合防治

一、综合防治的原则

（一）坚持病虫草害防治与栽培管理有机结合的原则

首先应考虑选用高产优质品种和优良的耕作制度及栽培管理措施来实现，同时必须掌握防治对象的发生规律，并结合田间调查统计和预测预报的结果以及作物生长状况、管理水平和气象条件等因素综合分析，再结合具体实际的病虫草害综合防治措施，及早防范，力求控制有害生物不发生或在不足以为害的水平上，摆正高产优质、低成本与病虫草害防治的关系，绝不能以牺牲人、畜、有益生物和环境的安全为代价。

（二）坚持各种措施协调进行和综合应用的原则

利用生产中各项高产栽培管理措施来控制病虫草害的发生，是最基本的防治措施，也是最经济最有效的防治措施，如轮作、配方施肥、肥水管理、田间清洁等。

（三）坚持预防为主、综合防治的原则

要把预防病虫草害发生的措施放在综合防治的首位，控制病虫草害要在其发

生之前或发生初期，而不是发生之后才去防治，否则，病虫草害防治就会处于被动地位。

（四）坚持综合效益第一的原则

病虫草害的防治目的是保质、保产，而不是灭绝病虫生物，实际上也无法灭绝。故此，一定要从经济效益，即提高产量、增加收入，不危及生态环境、人畜安全等综合效益出发，进行综合防治。

（五）坚持病虫草害系统防治原则

病虫草害存在于田间生态系统内，有一定的产生条件和因素。在防治上应针对某一种病虫或某几种病虫的发生发展进行系统性的防治，而不是孤立地考虑某一阶段或某一两种病虫。其防治措施也要贯穿整个田间生产管理的全过程，绝不能在病虫草害发生后才进行防治。

二、检疫御灾

检疫御灾是通过实施风险评估、植物检疫、引种审批等措施，达到有效防御有害生物传播扩散的目的。

（一）植物检疫的任务

植物检疫是一个国家或地方政府利用法律的力量禁止或限制危险性的病虫、杂草从国外引进到本国或由本国传到国外，或传播后限制到不能危害的水平上。植物检疫的任务，有以下 3 个方面：

（1）禁止或限制危险性的病虫、杂草随着植物及其产品从国外传入国内或从国内传到国外。

（2）将在国内局部地区已发生的危险性的病虫、杂草封锁在一定范围内，严格禁止其传播到尚未发生地区，并且采取各种措施逐步将其消灭。

（3）当危险性的病虫、杂草传入新区时，要采取紧急措施，不惜花费人力、物力、财力将其彻底消灭，以防后患。

（二）检疫程序和检验方法

（1）报验。调运种苗及其他受检的林副产品，应向有关检疫部门报验。

（2）检验。植检员在室外取样外检，在抽样产品中取小样送实验室检验。

（3）处理。经检验后发现带有检疫对象或危险性病虫时，应按规定在检验人员的监督下执行检疫措施（消毒销毁）。

（4）签证。经过检验后未发现检疫对象，由检疫部门发给检疫证书放行。

三、农（林）业防治

农业技术措施就是利用生产中的各种栽培管理措施来消灭、避免或减轻病虫害发生的方法。具体措施表现在以下几个方面。

（一）培育无病虫害苗木

有些病虫害是随苗木、接穗、插条、根蘖、种子等繁殖材料而传播的，对于这类病虫害的防治，必须把培育无病虫苗木作为一项十分重要的措施。如介壳虫主要通过核桃接穗远距离传播，因此，使用无病虫害苗木和接穗就显得十分重要，尤其在新建果园时，要把培育无病虫苗木放在重要的位置上，以免造成后患。

（二）秋翻冬灌

秋冬季节将树行或树盘的土壤深翻刨松，以便冻死部分在地下越冬的害虫及病原，减少初侵染来源。

（三）合理间作

避免间作高秆作物，如玉米，因间作高秆作物时通风透光差，湿度大，有利于部分病虫害的发生。

（四）修剪

结合修剪剪除病虫枝、枯死枝，清理核桃园，将枯枝、落叶、病枝叶、虫果及杂草等集中烧掉或深埋，以减少越冬害虫的初侵染来源。同时对修剪伤口、嫁接口等涂药保护，以免蛀干害虫的潜伏、产卵危害。

四、生物防治

利用有益生物及其代谢物质来控制害虫的方法，称生物防治。生物防治的优点是对人畜、害虫天敌相对安全，不会造成害虫再猖獗现象，作用时间长，不至于主要害虫下去次要害虫又上升。生物防治包括以虫治虫、以菌治虫、以原生动物和线虫治虫、以其他动物治虫、以昆虫激素治虫等一系列方法。

（一）注意保护害虫天敌

在使用化学药剂时，要尽量协调好与生物防治的关系，天敌大量繁殖阶段避免大面积喷洒广谱杀虫剂等类型的农药，要注意保护天敌越冬，并为天敌补充食料和寄主，合理间作套种可以招引和繁殖天敌。核桃园害虫的天敌种类丰富，捕食性的昆虫有蜻蜓、螳螂、草蛉、猎蝽、姬蝽、盲蝽、步甲、虎甲、瓢虫、食虫虻、食蚜蝇、泥蜂、蛛蜂、胡蜂、蚁等，还有各种蜘蛛、鸟类。此外，寄生性天敌寄生蜂和寄生蝇类是将卵产在害虫体内或体外，经过繁殖，可消灭大量害虫。有些病原生物如蚜霉菌、白僵菌等，可使核桃害虫患病而降低其种群数量和危害。

（二）引进害虫天敌，改变当地昆虫种群结构

采用这个办法可以改变核桃园生态环境中的益害比例，改变生物群落，降低害虫数量。目前国内成功的例子是通过释放赤眼蜂和捕食螨等寄生和捕食果园害虫的。

（三）昆虫信息素的利用

昆虫信息素在害虫防治中一是用于预测预报，二是干扰害虫雌雄交尾。

五、物理防治

应用简单的工具以及光、电、辐射、热处理等方法，达到防治病虫害的目的，统称物理防治。具体措施包括以下几方面。

（一）机械阻隔法

人为设置各种障碍，切断害虫的侵害途径，直接加以消灭。

（二）毒环法

采用树干下部涂刷毒环或捆绑塑料薄膜环等方法可阻止红蜘蛛、春尺蠖雌虫上树。

（三）诱杀法

利用害虫的趋性设置诱虫器或诱物诱杀害虫，常见的有灯光诱杀、毒饵诱杀、糖醋诱杀、饵木诱杀、潜所诱杀、植物诱杀、色板诱杀等。

六、化学防治

利用天然出产的或人工合成的物质来消灭病虫害。化学防治施药，要保证喷药质量，尽量减少喷药次数，不连续喷施同一种药剂，防止产生抗性；为增加药剂的附着力，可使用洗衣粉、吐温等作助剂，要坚持统防统治。

第二节　主要病虫草害的诊断与防治

一、主要虫害

（一）春尺蠖

春尺蠖（*Apocheima cinerarius* Erschoff），属鳞翅目尺蛾科。别名杨尺蠖、柳尺蠖、榆尺蠖、沙枣尺蠖。

1. 分布与危害

春尺蠖在新疆各地均有分布，危害沙枣、杨、柳、榆、槐、苹果、梨、沙柳及核桃等多种林、果。此虫发生期早，幼虫发育快，食量大，常暴食成灾。轻则影响寄主生长，严重时则枝梢干枯，树势衰弱，导致蛀干害虫猖獗发生，引起林木大面积死亡。

2. 形态特征

（1）成虫。雄成虫翅展 28～37 mm，体灰褐色，触角羽状。前翅淡灰褐至黑褐色，有 3 条褐色波状横纹，中间 1 条常不明显。雌成虫无翅，体长 7～19 mm，触角丝状，体灰褐色，腹部背面各节有数目不等的成排黑刺，刺尖端圆钝，臀板上有突起和黑刺列。因寄主不同，体色差异较大，可由淡黄至灰黑色。

（2）卵。长圆形，长 0.8～1 mm，灰白或赭色，有珍珠样光泽，卵壳上有整齐刻纹。

（3）幼虫。老熟幼虫体长 22～40 mm，灰褐色。腹部第二节两侧各有 1 瘤状突起，腹线白色，气门线淡黄色。

（4）蛹。灰黄褐色，臀棘分叉，雌蛹有翅的痕迹。

3. 生活史及习性

1 年发生 1 代，以蛹在树冠下的土层内越夏越冬。次年春，当日平均气温 0～5℃时开始羽化。雄蛾具有趋光性。雌蛾无翅，产卵于树皮裂缝、枝杈、机械损伤处。幼虫共五龄，初龄幼虫有吐丝下垂转移危害的习性。该虫发生期早，危害期短，幼虫发育快、食量大，在短时间内能将大面积树木的嫩芽、嫩叶吃光，以致影响林木的生长。

4. 防治方法

（1）加强预测预报，摸清种群基数、发生数量及发生面积。

（2）在早春此虫开始羽化前，即在 2 月底，用树干捆塑料布或涂胶的方法阻止雌成虫爬上树干产卵。

（3）生物防治。要抓准防治时机，即在 50 cm 长的枝条上 2～3 龄幼虫数占总幼虫数的 85%左右时来防治。用 Bt（苏云金杆菌）可湿性粉剂稀释 800～1 000 倍喷洒施用。

（二）黄刺蛾

黄刺蛾（*Cnidocampa flavescens* Walker），属鳞翅目，刺蛾科。

1．分布与危害

黄刺蛾主要危害梨、苹果、杏、桃、枣、柳、核桃等果树和林木。

黄刺蛾以幼虫为害叶片，1～2龄幼虫数个或数十个群栖叶背面取食叶片，将叶啮食成网状，留下叶片上表皮，使叶片呈现苍白或焦枯状，随着虫龄增加分散取食，将叶片啮食成残缺不全，甚至全叶吃光，留下叶柄，使林木产量大减。

2．形态特征

（1）成虫。体长15 mm，翅展33 mm左右，体肥大，黄褐色，头胸及腹前后端背面黄色。触角丝状灰褐色，复眼球形黑色。前翅顶角至后缘基部1/3处和臀角附近各有1条棕褐色细线，内侧线的外侧为黄褐色，内侧为黄色；沿翅外缘有棕褐色细线；黄色区有2个深褐色斑，均靠近黄褐色区，1个近后缘，1个在翅中部稍前。后翅淡黄褐色，边缘色较深。

（2）卵。椭圆形，扁平，体长1.4～1.5 mm，表面有线纹，初产时黄白，后变黑褐。数十粒块生。

（3）幼虫。体长16～25 mm，肥大，呈长方形，黄绿色，背面有1紫褐色哑铃形大斑，边缘发蓝。头较小，淡黄褐色；前胸盾，半月形，左右各有1黑褐斑。

（4）蛹。体长11～13 mm，椭圆形，黄褐色。茧石灰质坚硬，椭圆形，上有灰白和褐色纵纹似鸟卵。

3．生活史和习性

黄刺蛾在北方地区1年发生2代。5月上旬开始化蛹，5月下旬至6月上旬羽化，第1代幼虫6月中旬至7月上中旬发生，第1代成虫7月中下旬始见，第2代幼虫为害盛期在8月上中旬，9月下旬开始老熟结茧越冬。成虫有趋光性，卵产于叶背面，散产或数十粒成卵块，卵期1周左右，初孵幼虫成群栖于叶片背面，随着长大分散取食，7月中旬、8月下旬危害严重，幼虫共分6龄，9月底老熟幼虫在树上结钙质茧过冬。

4．防治方法

（1）清除越冬虫茧。刺蛾越冬代茧期长达 7 个月以上，此时农、林作业时间较空闲，可采用摘、剪除等方法清除虫茧。

（2）成虫期挂杀虫灯。5 月下旬至 6 月上旬每 2 hm² 挂杀虫灯一盏。

（3）药物防治。幼虫发生期选用 20%速灭杀丁 1 500～2 000 倍液，2.5%敌杀死 500～2 000 倍液，20%除虫菊 4 000～6 000 倍液、1.8%阿维菌素 2 000 倍液等药剂进行防治。

（三）核桃黑斑蚜

核桃黑斑蚜（*Chromaphis ju glandicola* Kaltenbach），属同翅目，斑蚜科。

1．分布与危害

核桃黑斑蚜在新疆核桃产区普遍发生，有蚜株率达 90%，有蚜复叶占 80%左右。以成蚜、若蚜在核桃叶背及幼果上刺吸为害。

2．形态特征

干母 1 龄若蚜体长椭圆形，胸部和腹部第一至七节背面每节有 4 个灰黑色椭圆形斑，第八腹节背面中央有一较大横斑。第三、四龄若蚜灰黑色斑消失。腹管环形。有翅孤雌蚜成蚜体淡黄色，尾片近圆形。第三、四龄若蚜在春秋季腹部背面每节各有一对灰黑色腹管环形。性蚜雌成蚜无翅、淡黄绿至桔红色。头和前胸背面有淡褐色斑纹，中胸有黑褐色大斑。腹部第三节至第五节背面有 1 个黑褐色大斑。雄成蚜头胸部灰黑色，腹部淡黄色。卵长卵圆形，产时黄绿色，后变黑色，光亮，卵壳表面有网纹。

3．生活史和习性

在新疆，每年发生 15 代左右，以卵在枝杈、叶痕等处的树皮缝中越冬。第二年 4 月中旬越冬卵孵化盛期，孵出的若蚜在卵旁停留约 1 h 后，开始寻找膨大树芽或叶片刺吸取食。4月底至5月初干母若蚜发育为成蚜,孤雌卵胎生产生有翅孤雌蚜。该蚜1年有2个为害高峰,分别在6月和8月中下旬至9月初。成蚜较活泼,可飞散至邻近树上。成蚜、若蚜均在叶背和幼果为害。8月下旬至9月初开始产生性蚜,9月中旬性蚜大量产生,雌蚜数量是雄蚜的2.7～21倍。交配后,雌蚜爬向枝条,选择合适部位产卵,以卵越冬。

4. 防治方法

在为害高峰前每复叶蚜量达50头以上时,喷施下列药剂:48%毒死蜱乳油1 500～2 000倍液;1.8%阿维菌素乳油3 000～4 000倍液;10%吡虫啉可湿性粉剂2 000～4 000倍液;20%啶虫咪可湿性粉剂3 000倍处理和2.5%高效氯氟氰菊酯乳油1 000倍处理,对核桃黑斑蚜均有较好的防治效果。

(四)糖槭蚧

糖槭蚧(*Parthenolecanium corni* Bouche)

1. 分布与危害

糖槭蚧的寄主为核果类之杏、巴旦木、桃、李、酸梅、核桃等,以及浆果类之苹果、梨、葡萄等,寄主较广泛。糖槭蚧为害枝、梢、叶及果实,刺吸果树营养,造成果树营养失衡,树势衰弱,为害期为果实生长期,常导致减产。

2. 形态特征

(1)成虫。雌虫通常微呈椭圆形,体背黄色或褐色,中脊线明显,头、触角、足退化;腹部柔软,背部形成坚硬的介壳,介壳表面具一系列横纹。

(2)卵。卵位于雌成虫腹部下,呈椭圆形,以白色为主。

(3)若虫。初孵若虫长形或椭圆形,白色,头、触角和足明显;背部中脊线明显。

3. 生活史和习性

每年发生2代。以2龄若虫在一年生枝条和叶痕处越冬。第二年3月中下旬开始活动，并爬到枝条上寻找适宜场所固着危害。4月上旬虫体开始膨大，4月末雌虫体背膨大并硬化，5月上旬开始在体下介壳内产卵，5月中旬产卵盛期，卵期1个月左右。5月下旬至6月上旬为若虫孵化盛期；若虫爬到叶片背面危害，少数寄生于叶柄。

4. 防治方法

（1）不采带虫接穗，苗木和接穗出圃要及时采取处理措施。果园附近的防风林不栽植刺槐等寄主树。

（2）加强肥水管理，保持树势健壮，通风透光。

（3）结合整形修剪，剪除枯枝和若虫密度较大枝条，彻底清除树基发出的根蘖枝，刮除老树皮，清理树干、枝条裂缝，集中烧毁，减少虫源。

（4）保护和利用天敌，少用或避免使用广谱性农药。

（5）药剂防治：晚秋和早春，喷波美3°～5°石硫合剂或3%～5%柴油乳剂，消灭越冬若虫，虫口死亡率可达90%。亦可喷施95%机油乳剂120～180倍液、48%毒死蜱（乐斯本）乳油1 000倍液。

（五）李始叶螨

李始叶螨（*Eotetranychus pruni* Oudemans）。

1. 分布与危害

李始叶螨主要发生在我国西北地区，特别是甘肃、新疆发生较重。寄主树种有苹果、海棠、梨、酸梅、杏、桃、核桃、葡萄、红枣、沙枣和杨柳等。李始叶螨刺吸寄主植物花芽、嫩梢和叶片汁液，汲取营养，造成花芽不能开绽，嫩梢萎蔫，叶片失绿成黄绿色，被害叶片一般不脱落，导致寄主植物生长衰退，影响果实的产量和质量。

2. 形态特征

（1）成螨。雌螨体长0.27 mm，体宽0.15 mm。长椭圆形，体黄绿色，沿体侧有细小黑斑。须肢端感器柱形，长为宽的2倍；背感器枝状，长为端感器的2/3。

口针鞘前端圆形，中央无凹陷。气门沟末端稍微弯曲，呈短钩形。第 1 对足的跗节双毛近基侧有 5 根触毛和 1 根感毛；胫节具 9 根触毛和 1 根感毛。第 2 对足的跗节双毛近基侧有 3 根触毛和 1 根感毛，另 1 触毛在双毛近旁；胫节具 8 根触毛。第 3 对和第 4 对足的跗节各有 10 根触毛和 1 根感毛；胫节各有 8 和 7 根触毛。雄螨体长 0.2 mm，体宽 0.12 mm。须肢端感器长柱形，其长约为宽的 4 倍；背感器长约为端感器的 1/2。第 1 对足的跗节双毛近基侧具 4 根触毛和 3 根感毛；胫节具 9 根触毛和 2 根感毛。第 2 对足的跗节双毛近基侧具 3 根触毛和 1 根感毛，另 1 根触毛在双毛近旁；胫节具 8 根触毛。第 3、4 对足的跗节和胫节的毛数同雌螨。

（2）幼螨。体型近圆形，长径 0.17 mm。足 3 对，各节均短粗。

（3）若螨。体型为椭圆形，体色淡黄绿色。体背两侧有褐色斑纹 3 块，前期若螨体长 0.22 mm。

（4）卵。圆形，直径约 0.11 mm。顶端有 1 根细长的柄，柄长与卵长相等。初产时晶莹透明，后逐渐变为淡黄至橙黄色，临近孵化时透过卵壳可见 2 个红色眼点。

3. 生活史和习性

李始叶螨在新疆南疆地区 1 年发生 11～12 代，在北疆地区 1 年发生 9 代，均以受精后的雌成螨在树干和主侧枝树皮裂缝、伤疤、翘皮下以及树干基部土缝中和枯枝落叶下越冬。翌年 3 月中、下旬苹果芽膨大期开始出蛰危害花芽和叶芽。4 月上旬苹果花芽绽放、叶芽展叶期是李始叶螨越冬雌螨的危害盛期。第 1 代卵出现在 4 月上、中旬，界限明显。以后各代出现世代重叠现象。7 月中旬至 8 月中旬种群数量大增，是全年危害的高峰期。8 月中旬之后种群数量下降。最后 1 代受精雌螨于 10 月中、下旬陆续进入越冬场所，开始越冬。李始叶螨的繁殖方式既行两性生殖，又行孤雌生殖。雌螨 1 生交尾 1～3 次。雌螨产卵量平均 60 粒左右，雌螨卵前期 2.5 天左右，产卵期 25 天左右，成螨寿命 28 天左右。卵历期 4～9 天，幼螨历期 2～4 天，若螨历期 3～9 天。雌螨有在叶背结网的习性，并在叶背和网下产卵。李始叶螨适宜温度为 24.5～25℃，最适相对湿度 50%。

4．防治方法

（1）营林防治。冬季刮除寄主老翘皮，清除园地枯枝落叶，集中烧毁。晚秋深翻树干基部周围土壤，以防治越冬雌成螨。

（2）生物防治。保护和利用深点食螨瓢虫（Stethorus punctillum Weise）、异色瓢虫（Harmonia axyridis Pallas）、连斑毛瓢（Scymnus quadrivulneratus Mulsant）、大草蛉（Chrysopa septempunctata Wesmael），双刺胸猎椿（Py golampis bidentata goeze）等螨类的天敌昆虫，合理使用农药，避免滥用药物杀伤。

（3）化学防治。化学防治的最佳时间应在叶螨增殖高峰出现之前，全年喷药3～4次即可控制李始叶螨危害。第 1 次喷药时间在 3 月中、下旬至 4 月上旬，即果树花芽膨大至花芽绽放、叶芽展叶越冬雌螨出蛰盛期。第 2 次在 5 月上旬第 1 代卵孵化盛期。第 3 次在第 2 代卵孵化盛期。第 4 次喷药在 6 月下旬，防治第 3、4 代李始叶螨。可选用以下药液：5%尼素朗乳油 1 000～2 000 倍液；15%扫螨净乳油；10%天王星乳油 4 000～5 000 倍液；20%螨卵酯可湿性粉剂 800～1 000 倍液。

（六）牧草盲蝽

牧草盲蝽（*Ly gus pratensis* Linnaeus），属半翅目，盲蝽科。分布在东北、华北、西北，其他地区也有分布，但较少。

1．分布与危害

寄主植物有棉花、苜蓿、蔬菜、果树等。成虫、若虫刺吸嫩芽幼叶及叶片汁液，幼嫩组织受害后初现黑褐色小点，后变黄枯萎，展叶后出现穿孔、破裂或皱缩变黄。

2．形态特征

（1）成虫。体长 6.5 mm，宽 3.2 mm。全体黄绿色至枯黄色，春夏青绿色，秋冬棕褐色，头部略呈三角形，头顶后缘隆起，复眼黑色突出，触角 4 节丝状，第 2 节长等于第 3 节、第 4 节之和，喙 4 节。前胸背板前缘具横沟划出明显的"领片"，前胸背板上具桔皮状点刻，两侧边缘黑色，后缘生 2 条黑横纹，背面中前部具黑色纵纹 2～4 条，小盾片三角形，基部中央、革片顶端、楔片基部及顶端黑色，基部中央具 2 条黑色并列纵纹。前翅膜片透明，脉纹在基部形成 2 翅室。足具 3 个跗节，爪 2 个，后足财节 2 节较 1 节长。

（2）卵。体长 1.5 mm，长卵形，浅黄绿色，卵盖四周无附属物。

（3）若虫。与成虫相似，黄绿色，翅芽伸达第 4 腹节，前胸背板中部两侧和小盾片中部两侧各具黑色圆点 1 个；腹部背面第 3 腹节后缘有 1 黑色圆形臭腺开口，构成体背 5 个黑色圆点。

3. 生活史和习性

北方年发生 3～4 代，以成虫在杂草、枯枝落叶、土石块下越冬。翌春寄主发芽后出蛰活动，喜欢在嫩叶、嫩茎、花蕾上刺吸汁液，取食一段时间后开始交尾、产卵，卵多产在嫩茎、叶柄、叶脉或芽内，卵期约 10 天。若虫共 5 龄，约经 30 天羽化为成虫。成虫、若虫喜白天活动，早、晚取食最盛，活动迅速，善于隐避。发生期不整齐，6 月常迁入棉田，秋季又迁回到木本植物或秋菜上。天敌主要有卵寄生蜂、蜘蛛、姬猎蝽、花蝽等。

4. 防治方法

（1）清除杂草。在 3 月以前结合积肥，铲除田边、地埂杂草。消灭越冬虫源。

（2）药剂防治。用 2.5%溴氰菊酯乳油 2 500～3 000 倍液，或 20%杀灭菊酯乳油 3 000 倍液喷雾。

二、主要病害

（一）腐烂病

1. 分布与危害

主要危害核桃主干主枝树皮，阻止养分输送，造成树体生长衰弱，结实力下降，甚至全株死亡。

2．症状

症状因树龄和发病部位不同而不同。幼树主干和骨干枝病斑初期暗灰色，水渍状，微肿起，病皮变为黑褐色，有酒糟味。病组织失水下陷后，病斑上散生许多小黑点。病斑沿树干纵横向发展，后期皮纵向裂开，流出黑水，病斑环树干一周时，幼树主枝或全株死亡。大树主干感病后，初期隐蔽在树皮部，外部无明显症状，当病斑连片扩大后，树皮裂开，流出黑水，干后发亮，好像刷了一层黑漆。营养枝或2～3年生侧枝感病后，枝条逐渐失绿，皮层和木质部剥离，失水干枯。

3．病原

核桃腐烂病病菌是胡桃壳囊孢（*Cytospora ju glandis* DC. Sacc），属半知菌。分生孢子器在皮层的子座中，形状不规则，多室，黑褐色，有明显的长颈，成熟后孔口突破表皮外露，放出橘红色孢子角，分生孢子单胞无色，香蕉状。

4．发生特点

病菌以菌丝或分生孢子器在病枝上越冬。翌春树液流动时，病菌孢子借风、雨、昆虫传播，从伤口侵入，可在芽痕、皮孔、剪口、嫁接口及冻伤、日灼处发生病斑。病斑扩展及病菌活动以4月中旬至5月下旬为主要时期，8月出现第二次发病高峰，11月上中旬停止活动。一般土壤瘠薄、排水不良、管理粗放、遭受冻害和干旱失水的核桃树易发病。

5．防治措施

（1）加强栽培管理。山地核桃园应重视深翻扩穴，增施有机肥料，合理施用氮、磷、钾肥和微量元素，提高树体营养水平，强健树势，增强植株的抗寒抗病能力。入冬前进行树干涂白。预防冻害，避免病菌侵入，特别应避免秋后施用尿素等速效氮肥，否则会造成树体长势过旺，因越冬准备不足而诱发冻害。

（2）及时刮除病斑。早春和晚秋要及时检查和刮除病斑，做到"刮早，刮小，刮了"。大树要刮去老皮，铲除隐蔽在皮层下的病疤，刮口要光滑平整。刮除部位涂抹50%甲基托布津50倍液，65%代森锌50～100倍液保护伤口。

（3）搞好果园卫生。结合修剪及时清除果园病枝、枯枝、死树，集中烧毁。

（二）核桃焦叶病

近年来核桃园发生不同程度叶缘焦枯现象，而且有逐年递增的趋势。焦叶病的发生，导致核桃品质严重下降，商品率较低，严重影响了核桃产业的健康发展。

发病规律。焦叶病一般从 6 月开始发病，8 月达到发病高峰，9 月部分核桃长出新梢发出新叶。焦叶病空间规律是：核桃冠层的垂直方向上发病程度依次为上部＞中部＞下部；水平方向上发病程度依次为外围＞中部＞内膛；不同方位发病程度依次为南面＞东面＞西面＞北面。更多规律目前正在进一步研究。

栽培上积极采取应对措施：一是加强有机肥投入，增加土壤有机质含量，加大耕翻力度，改良土壤结构；二是重视腐殖酸肥料，平衡土壤盐碱，降低盐渍化，解决树体养分，合理追肥 N、P、K 速效肥；三是在夏季高温天气给核桃灌水，淋溶土壤盐碱，喷施叶面微肥；四是加强夏季修剪，改善光照条件；五是加强病虫害防治，提高树体抗性。

三、主要草害

（一）田旋花〔*Convolvulus arvensis*〕

1. 形态特征

田旋花是一种旋花科的植物，根状茎横走，茎蔓生或缠绕，有棱角或条纹，下都有分枝；叶互生盾形，全缘或三裂，叶柄为叶片长的 1/3。花序腋生，具细长梗，苞叶对生，线形，花冠粉红色漏斗状、蒴果卵圆形，内具种子 3～4 粒，种子呈黑褐色。

2. 习性

田旋花多生于旱田作物中，在潮湿肥沃的土壤中可成片生长，密被地面，枝多叶茂，缠绕作物，危害严重。夏秋间在近地面的根上产生越冬芽，再生力强，刈割地上部或切断根部、残根和断茎仍能发育成新的植株。

3. 化学防除

采用 10%精喹禾灵乳油 100 mL/亩、41%草甘膦异丙胺盐水剂 200～250 mL/亩（加入少量尿素、洗衣粉可显著增效）、20%百草枯水剂 200～400 mL/亩（可与乙氧氟草醚等复配）、13%二甲四氯钠水剂 300 mL/亩或 24%使它隆乳液 100 mL/亩（加入少量硫酸铵可显著增效）。任选一种配方进行田间杂草定向喷药处理。喷药时须戴防护罩，同时谨防药液喷溅到树上而产生药害。对于多发地带也可采用草甘膦原液茎叶涂抹处理。

（二）苦苣（*Sonchus oleraceus* L.）

1. 形态特征

菊科，一年或二年生草本，株高 50～100 cm，全草有白色乳汁。茎直立，单一或上部有分枝，中空，无毛或中上部有稀疏腺毛。叶片柔软，无毛，椭圆状披针形，长 15～20 cm，宽 3～8 cm，羽状深裂，大头羽状全裂或羽状半裂，顶裂片大，或与侧裂片等大，边缘有不整齐的短刺状尖齿，下部的叶柄有刺，柄基扩大抱茎，中上部叶无柄，基部宽大呈戟状耳形。头状花序在茎端排列成伞房状；总苞钟形，长 1.2～1.5 cm；总苞片 3 层，外层为卵状披针形，内层为披针形；舌状花黄色，长约 1.3 cm。瘦果，长椭圆状倒卵形，长 2.5～3 mm，压扁，红褐色或黑色，每面有 3 条纵肋，肋间有细横级，冠毛白色，长 6～7 mm。

2. 习性

生于农田、果园、路边或荒地。多年生杂草，喜生于腐殖质多的微酸性至中性土中，生存力、再生力很强，幼苗可食用，每个芽均可发育成新的植株，断根仍能成活。在田间易蔓延，形成群落后难以清除。

3. 化学防除

见田旋花防治方法。

（三）马齿苋（*Herba Portulacae*）

1. 形态特征

夏季杂草，平卧或斜生，由茎部分枝四散，光滑无毛，肉质多汁。叶互生，有时为对生，叶柄极短；叶片倒卵状匙形，基部广楔形，先端圆或平截或微凹，全缘，花腋簇生。

2. 习性

极耐旱，拔下的植株在强光下曝晒数日不死。植株及其断茎都可生根成活，喜肥喜光，可食用。5—6 月出苗，7—8 月开花，8—9 月成熟。常混生在各种作物中，对玉米等作物危害较重。

3. 化学除草

（1）土壤处理。可用 48%仲丁灵乳油 200 mL/亩、48%二甲乐灵乳油 200 mL/亩，配成药液喷洒于地表或随灌溉水进入表层。

（2）定向喷雾。可用 48%苯达松水剂加 150 mL 或 20%百草枯水剂 200～400 mL/亩（可与乙氧氟草醚等复配）兑水 40 kg，均匀定向喷雾。

（四）菟丝子（*Cuscuta chinensis Lam*）

1. 形态特征

菟丝子科，菟丝子属。菟丝子系一年生寄生草本。茎纤细，直径 1 mm，黄色至橙黄色，左旋缠绕，叶退化。花簇生节处，外有质苞片包被；花萼杯状，5 裂，花冠白色。每果含种子 2～4 粒，卵淡褐色，表面粗糙，有头屑状附属物，种脐线形。

2. 习性

菟丝子是一年生寄生缠绕草本植物，无根，也无叶，或叶退化为小的鳞片，茎线形，光滑，无毛。幼苗时淡绿色，寄生后，茎呈黄色、褐色或紫红色，大多为黄色。茎缠绕后长出吸器，借助吸器固着寄主，吸器不仅吸收寄主的养料和水分，而且会给寄主的输导组织造成机械性障碍。

3. 防控方法

（1）如发现有菟丝子混杂，可用合适的筛子过筛清除混杂在调运种子中的菟丝子种子，将筛下的菟丝子作销毁处理。

（2）结合中耕除草，拔除、烧毁被菟丝子缠绕的植株。用玉米、高粱、谷子等谷类作物与其轮作，防除效果很好。

（3）用除草剂（仲丁灵、毒草胺、地乐胺等）土壤处理对菟丝子有一定的防治效果。

（五）芦苇（*Phra gmites hirsuta*）

1. 形态特征

芦苇夏秋开花，圆锥花序，顶生，疏散，长为 10～40 cm，稍下垂，小穗含 4～7 朵花，雌雄同株，花序长为 15～25 cm，小穗长为 1.4 cm，为白绿色或褐色，花序最下方的小穗花，花期为 8—12 月。芦苇的果实为颖果，披针形，顶端有宿存花柱。节状根系发达，极耐干旱。

2. 习性

芦苇是新疆常见的多年生杂草。地下有粗壮匍匐的根状。生长于池沼、河岸、湖边、水渠、路旁、果园、棉田等地。秆可做造纸和人造棉原料，也可供织席、帘等用。根状茎称芦根，中医学上可入药，功能有清胃火、除肺热。芦苇有第二森林之称，用途广泛。

3. 化学除草

（1）使用 12.5%盖草能乳油 80～100 mL/亩、24%烯草酮乳油 150 mL/亩喷施，药后 10～15 天方可浇水，否则会影响杀草效果。

（2）在芦苇刚长出地面呈竹笋状时，使用草甘膦类除草剂原液涂沫芦苇，防除效果可达到95%以上。

（六）稗草（*Echinochloa crus galli Beauv*）

1. 形态特征

一年生禾本类杂草，秆直立，基部倾斜或膝曲，光滑无毛。圆锥花序主轴具角棱，粗糙；小穗密集于穗轴的一侧，具极短柄或近无柄。花果期7—10月，种子繁殖。种子卵状，呈椭圆形，黄褐色。

2. 习性

稗草适应性强，生长茂盛，品质良好，饲草及种子产量均高，主要为害水稻、小麦、玉米、大豆、蔬菜、果树等农作物。稗草在较干旱的土地上，茎亦可分散贴地生长。平均气温12℃以上种子即可萌发。最适发芽温度为25～35℃，10℃以下、45℃以上不能发芽，土壤湿润，无水层时，发芽率最高。土深8 cm以上的稗籽不发芽，可进行二次休眠。在旱作土层中出苗深度为0～9 cm，0～3 cm出苗率较高。东北、华北地区的稗草于4月下旬开始出苗，生长到8月中旬，一般在7月上旬开始抽穗开花，生育期76～130天。在南疆地区6月上、中旬出现一个发生高峰，8月还可出现一个发生高峰。

3. 化学除草

（1）使用12.5%盖草能乳油200 mL/亩、24%烯草酮乳油300 mL/亩等喷施，药后10～15天方可浇水，否则会影响杀草效果。

（2）土壤处理，可用48%仲丁灵乳油200 mL/亩、48%二甲戊乐灵乳油200 mL/亩，随灌溉水进入土表层。

第三节　冻害、抽干、霜冻防控技术

一、冻害

冻害是指温度下降到冰点（0℃）以下，植物体细胞内或细胞间水分结冰而直接破坏原生质的结构或使原生质脱水、机械挤压和变性凝固造成细胞膜的相变与膜系统结构的破坏，从而引起植物体内的生理机能障碍，使代谢过程的协调受到破坏，而导致植株受伤甚至死亡。

核桃冬季在最低温−25℃以下持续 7 天以上，或在极端低温−28℃以下持续24 h 以上，核桃树就可能遭受冻害。核桃树遭受冻害后，主要表现在树干纵向发生裂纹、枝条抽干死亡、叶芽花芽（雄花芽最易受冻）干枯脱落三个方面。依据冻害程度可分为 1～5 级：1 级为轻微冻害，秋梢部分受冻后失水抽干，不影响当年产量，一般年份都有不同程度发生；2 级为轻度冻害，1 年生枝条 1/3～1/4 部分受冻后失水抽干死亡，对当年产量影响不大；3 级为中轻度冻害，1 年生枝和前 1年嫁接枝条受冻失水抽干，叶芽、雄花芽干枯、脱落，当年减产一半以上；4 级为中度冻害，2～3 年生枝条失水抽干死亡，叶芽、雌花芽及部分多年生潜伏芽受冻死亡，当年减产 80%以上；5 级为重度冻害，主干受冻后产生纵向裂纹，多年生大枝抽干死亡，当年绝收，2～3 年生幼树根茎部形成层受冻后产生环状褐色坏死病斑，地上部分整体死亡。

（一）原因分析

1. 气象因素

一是低温，低温持续时间长，极端低温使枝干皮层、形成层、木质部和髓部遭到组织冻害；二是降雪，长时间积雪，地表雪层温差比地面温度昼夜变化剧烈，与冰雪紧密接触的枝、干、权的表皮、韧皮部、形成层日消夜冻受伤。

2. 管理因素

一是旺长，秋季控氮、控水、摘心措施不到位，夏季修剪过重、抹芽不及时，发枝多、细、弱，枝干水分含量高、含糖量低、组织不充实，抗冻性差，叶、花芽质量差，导致枝、芽嫩组织受冻；二是越冬保护措施落实不到位，冬季埋土、培土高度和厚度不够；4 年生以上主干枝杈部位没有覆盖。

3. 树体原因

一是品种差异，雄先型品种雄花芽受冻严重；二是树势，产量高、结实多的树，枝条养分积累不足，病树、伤树、弱树冻害严重。

4. 立地条件

防风林薄弱、土质黏重、地下水位高的地冻害严重。

（二）应对措施

1. 良种良法建园

选择抗寒品种，完善防护林，土壤黏重、地下水位高的地要完善灌排系统和土壤耕作管理制度，按核桃对环境条件的要求做好区划，做到适地适树。

2. 秋季控长促壮

一是适时控制营养生长，7 月中旬开始停止施氮，8 月底停施磷钾肥、控制灌水，8 月底对未停长的秋梢摘心。7—9 月叶面喷施 2～3 次草木灰处理液、磷酸二氢钾，增加枝条含糖量、促进嫩枝成熟充分木质化、促进按期休眠。二是病虫防治。生长季防治腐烂病，5—8 月防治螨类、蚜虫，9 月中旬至 10 月初做好大青叶蝉防治。三是按品种成熟期采收，采收太晚会过分消耗营养，造成树势太弱，容易引发冻害。采收时尽量避免击打果枝损伤花芽。

3. 越冬保护措施

一是提早浇冬水，土壤结冻前灌足越冬水；二是埋土越冬，核桃受冻的区域1～3年幼树全株埋土，覆土厚度20 cm以上；三是嫁接部位包扎，11月下旬，当年嫁接又无法埋土的幼树，用旧布或麻袋片包扎嫁接部位；四是主干涂白，4年生以上树，11月中旬主干涂白（涂白配料为：0.5 kg盐、1 kg动物油、12 kg石灰、30 kg水）；五是冬季扫雪，冬季下雪时，及早震落枝杈部位的积雪、清扫树盘。

4. 春耕减灾

一是早春灌，二月底提早浇春水，没有水的打保暖墙、树盘覆膜；3月上中旬树盘松土，提高土温，促进解冻；二是调整修剪方法，受冻树延后到5月上旬修剪，剪口涂保护剂或用油漆封口。清理病虫枝。萌芽后及时抹除并生、丛生芽；三是合理负载，停止去雄或少量开展去雄，根据树势保花保果、疏花疏果，保证受冻果树合理负载，及时防治腐烂病，秋季增施有机肥促壮树势。

二、抽干

核桃枝条髓心大，含水量较高，抗旱性差。在我国北方冬、春多风干旱，早春果树枝条水分的蒸腾量较大，当干旱超过树体的忍受能力时，地上部分就会发生不同程度的干枯，尤其是幼树或成年树的一年生枝条，常发生皱皮、焦枯或干枯。有时一些多年生枝也会抽条，重者整株死亡，直到土壤解冻，根系恢复吸水能力，抽条才会停止，严重影响产量。造成抽条的原因及应对措施如下。

（一）原因分析

1. 气候因素

二月上旬升温快、空气湿度低是主要因素。

2. 树体因素

一是冻害的影响。上一年发生冻害的枝条、中干髓心部发黑、部分坏死，阻隔水分养分疏导，水分供给与蒸腾失水失衡，导致多年生枝及主干抽干。二是品种原因。新疆的主栽品种中，"温 185""新新 2 号"抽干程度较轻，"扎 343""新丰"抽干程度较重，抗抽干能力较弱。三是树龄。3～5 年生的树抽干严重。四是砧木原因。栽植过深或大龄苗截断主根定植，直根不发达。

3. 管理因素

一是施肥水平。有机肥投入足的核桃抽干程度较轻，树势弱，化肥追施过多、有机肥施入过少的核桃抽干较重。二是水分管理不当。间作麦子、及时摘心的核桃抽干较轻，棉花地间作的核桃抽干较重。完成冬灌和春灌的抽干轻，未冬灌的地块抽干重。三是摘心措施不当。秋季摘心时间过早，枝条萌发秋梢，消耗了树体养分，造成冬季树体养分积累不足。8 月底没有摘心，秋梢不停止生长的抽干重。四是秋季间作高杆作物，通风透光条件差，影响光合作用的物质积累。

4. 立地条件

一是防护林健全的地块抽干较轻，防护林薄弱的地块抽干重；二是地下水位高抽干轻，地下水位低抽干较重；三是土壤结构，沙土地抽干较重，沙壤土和黏土抽干较轻。

（二）应对措施

1. 秋季控长促壮措施

一是 7 月中旬开始禁氮、控水，叶面喷施钾肥；二是 8 月底完成未停长新梢摘心；三是生长季防治腐烂病，5—8 月防治螨类、蚜虫，9 月中旬至 10 月初做好大青叶蝉防治；四是土壤结冻前灌足越冬水。

2. 越冬保护措施

一是 1～3 年生埋土；二是 4 年生以上树 11 月底主干涂白；三是 11 月底对当年嫁接又无法埋土的幼树包扎嫁接部位；四是打保暖墙，4～6 年生的核桃在离树干北面 40 cm 的地方，起 40 cm 高的半圆形的垄，遮挡北风防寒，集聚反射光提高树盘周围的温度。

3. 春耕减灾措施

一是提早浇春水。2月底没有冬灌的地尽早灌水，促进解冻和根系早萌动，补充枝条的水分，减少枝条水分的蒸腾，减缓抽干。二是树盘覆膜。2月底，越冬采取打暖墙措施的核桃，树下铺 1.4 m×1.4 m 的薄膜；培土的及时去除培土，提高根际土壤的温度，促进土壤解冻、树体根系萌动，削弱抽条。三是喷施防抽干的保护剂。4～6年生树，在2月底、白天气温4℃以上时，选择中午或午后，喷 150 倍的羧甲基纤维素等，10 天 1 次，连续喷 2～3 次。四是埋土越冬树 3 月上旬去除覆土。树盘随解冻随松土，提高土温、促进解冻，有利于恢复根系和促发新根。五是加强伤口保护，延后修剪，及时抹芽。六是做好保花保果、疏花疏果，保证合理负载。七是防治腐烂病。八是合理施肥，增施有机肥促壮树势。

三、低温霜冻

（一）灾害特点

4月即所谓的"倒春寒"，此时果树已抽枝、发芽、展叶，核桃处于开花期，霜冻会造成花器受冻，特别是核桃的雄花芽是裸芽，更容易受冻，最终影响果树授粉受精，造成果树当年减产。

（二）救灾措施

一是果园熏烟。在果园地头上风口，每亩堆 5～6 堆锯屑或枯枝落叶，盖一层湿草。凌晨 4 时开始点火熏烟至 9 时。熏烟时务必有专人把守，避免发生火灾。二是施肥灌水。对受灾果园，每亩施尿素 10～15 kg。灌水后及时中耕松土提高地温，保证一周内完成。三是喷施叶面肥。对冻害发生区全面喷洒 1～2 遍 0.3%磷酸二氢钾和 0.5%尿素，增加营养，提高抗寒性。四是补种间作。对受冻严重的果园，能够间作的，建议种植瓜果、蔬菜、药材等矮秆作物，减少经济损失，提高农民收入。

四、冰雹灾害

（一）灾害特点

核桃生长季出现雷阵雨、冰雹、大风等灾害性天气，会使核桃幼果受损、叶片被打掉受伤、枝条吹断，核桃果实破损至硬壳部分，个别树被刮倒甚至连根拔起，导致果实受损、绝产或产量降低。

（二）救灾措施

1. 预防措施

雹灾具有偶发性，进行预防有一定的难度。果实越大所受危害越重。一是要加强降雹预报，以便及时采取有效的防雹减灾措施；二是采取人工防雹，使用防雹网，阻挡冰雹冲击，从而起到保护果树、果实的作用。

2. 补救措施

一是对受伤的核桃淋喷杀菌剂（如多菌灵、甲基托布津、5%烯唑醇、65%代森锌、75%百菌清、15%三唑酮可湿性粉剂），防止病菌感染伤口。二是及时中耕，疏松土壤、清除杂草、保墒保肥。三是及时追肥灌水，追施磷钾肥，增加树体营养，恢复树势。四是清理果园中的残枝、落叶和落果，人工摘除树上受伤严重的果实，避免诱发病害；截除砸断和砸折的各种受伤枝，尽量保留叶片。五是对改接树或落头等伤口较大的树，涂愈合剂，防止树体伤口流出液体，以利伤口愈合。六是根据监测情况，及时预防红蜘蛛、黄刺蛾、黑斑蚜。

3. 强降雨救灾措施

一是对雨水积涝严重的黏重土果园及时做好排水工作，以免由于长期积水影响果树正常生长。排水后及时中耕、松土、除草，保证土壤疏松透气。二是核桃成熟期适时采收，及时脱青皮、晾晒。

五、大风、干热风和沙尘暴灾害

（一）灾害特点

花期遭遇大风、干热风和沙尘暴主要会对核桃开花、授粉产生影响，盛花期的花蕊被大风吹干、雌蕊柱头被沙尘覆盖，严重影响了授粉质量，造成花朵干枯，不能授粉，严重影响当年产量；大风或强风天气会造成果实吹落、枝条吹断等，影响果实品质、产量和树体正常生长。

（二）救灾措施

1. 大风、沙尘暴

（1）预防措施。一是加强农田防护林林网化建设。二是尽可能采取低干矮冠树形，加强牢固紧凑型树形培养，提高抗风性。三是选择优良砧木并注重良种良砧组合。四是对嫁接苗木和改接树及时绑立柱和支架。对坐果量过大的结果枝用立柱撑顶等。五是灌水施肥。当有大风降温预报时，全园进行一次灌水。同时还可推迟花期3～4天，有利于避开霜冻。在灾害性天气到来前3～5天，对果树施一次以磷、钾肥为主的速效肥，提高树体内细胞液浓度，增强抵御霜冻的能力。六是树盘覆草。用杂草、树叶、秸秆等覆盖树盘，用稻草绳或草把捆住主干，果树行间覆盖5～10 cm厚的稻草、树叶等，既可保墒又可阻隔冷空气入侵，可保持和提高地温，防止水分蒸发和地温散失，防止果树冻害发生。

（2）补救措施。一是检查防风桩、拉枝支撑棍棒和板条，及时扶正和加固被大风吹歪的绑缚支架。对刚灌过水的幼龄果园或新植果园，及时培土、扶正苗木。二是及时剪除或锯除被大风吹断的枝干或枝条。对伤口大的创面，及时涂抹油漆或愈合剂。三是及时清理被大风吹落的果实、树叶，深埋或清出果园，避免诱发病害。四是对处于花期的果树，及时喷施尿素、磷酸二氢钾或保花肥，并加入适量的杀菌剂，洗淋叶片、柱头上的浮土，补充营养，增强树势，提高坐果率，防止病菌感染伤口。

2. 干热风

在果树花期遇到异常高温干旱天气时，柱头会很快干枯，缩短花期，影响花粉发芽和果树授粉受精，降低坐果率。幼果生长期遇到干旱高温，会造成落果和发育受阻，甚至日灼。因此，应及时做好预防和补救措施。一是实行果园生草制，或果园覆草、行间覆地布（膜）等措施。二是喷叶肥或灌水。高温干旱期果园灌水，或连续喷施尿素、磷酸二氢钾叶面肥或氨基酸复合微肥，有利降温、补充水分和养分。三是撑枝，对下垂枝及时撑枝复位。

第八章 低产园改造

由于新疆品种化核桃栽培时间较短，现有的核桃树中还有部分属于产量低、品质差、结果晚甚至不结果的低产树、实生树，核桃园中还有部分属于低产园。高接换优可利用优良品种早果、高产、优质的遗传特性，对现有核桃资源中适龄不结果或坚果品质低劣的树进行嫁接改造，彻底改变实生树结果晚、产量低、品质差的缺点，同时这也是快速培育大量优质核桃接穗的有效方法。

造成低产的原因主要有：

（1）品种不纯。因品种不纯而造成低产。

（2）园相不整齐型。核桃园缺株较多或树龄差异大而造成低产。

（3）树形紊乱。核桃园无固定、统一的树体结构，或采用的树形不能发挥最大效率而造成低产。

（4）纯低产型。因管理粗放、肥水投入不到位、病虫害严重而造成低产。

（5）因核桃园栽培过密而造成低产。

第一节 园地改良

（一）土质改良

对黏重板结土壤，或含沙砾石多和纯沙类土壤，适量掺沙或增掺黏土，并增施有机肥或间作绿肥。

（二）培肥地力

对土壤肥力瘠薄的园地，加大施肥量。每年秋季撒施有机肥 30～45 t/亩，灌水后机械翻耕；每株年追施化肥 1～3 kg（视树体、树龄而定），4 月、5 月、7 月分 3 次施入，氮、磷、钾比例为 2∶1∶1。倡导园地种植豆类、油菜等绿肥，适时翻耕培肥地力。

（三）改善排灌条件

1. 灌水要求

成年核桃园地年需水量 100 m³/亩。年灌水 5～7 次，土壤封冻前灌足越冬水。防止核桃园受水涝后导致核桃树根系生长不良甚至腐烂死亡。在春夏季应着重注意抗旱：春季在核桃树开花坐果时期，干旱会严重影响核桃树坐果和保果；夏季是核桃果实生长发育的关键时期（灌浆期），干旱会导致果实发育不良、落果或遭受日灼。在这两个关键季节需进行适时抗旱，确保核桃园水分所需。

2. 排水压碱

对地下水位高、土壤盐碱重、地势低洼的园地，修建完善排水设施，通过洗盐压碱、降低地下水位等措施，改善土壤条件。

（四）园地清理

及时防止病虫害、疏除病虫干枯枝，清除地面枯枝落叶和杂草。每年春秋两季对园地进行机械翻耕，深耕 20～30 cm，以消灭在树下土壤中越冬害虫的成虫、茧蛹。冬季结合修剪，清理园内落叶、落果和病虫枝、枯枝，刮除树干缝隙粗皮、病斑等，集中烧毁，减少病虫侵染源。

第二节 缺株补植和密度调整

（一）缺株补植

对缺株断垄的园地，应及时用 2～3 年大苗补植，要求品种纯正，苗干顺直，基茎 1.2 cm 以上、苗高 60 cm 以上，根系发达、断根少、无病虫害的健壮嫁接苗木。补植树坑直径和深度不少于 1.0 m，坑底施腐熟的有机肥 15 kg，上盖土 20～30 cm 厚，栽植苗木。栽植前，需剪除苗木主根过长的部分和受伤的部位。栽植时，核桃苗放入栽植坑正中央，需先用熟土填埋一定的高度，轻提苗后再填土、踩实，使填土高出原土痕 5～10 cm，栽植完毕后浇足定根水，最后进行覆膜保持墒情。半月后浇一次水，后面酌情浇水，防止苗木枯死。

（二）密度调整

间作核桃园株数以 210 株/亩为宜，密植核桃园株数以 420～500 株/亩为宜。根据各密度过大园地的实际情况，隔行或隔株挖除过密的多余核桃树，科学合理调整栽植密度。

（三）补植补造后的管理

新栽的树体较小，需要加强水肥管理，保证成活率。夏天做好遮阴工作；冬天做好越冬保护工作，要在幼树的根茎部绑扎稻草，防止冻伤。

第三节 高接改造

核桃低产劣质树的高接换优改造是快速推广优良品种、提高核桃质量、尽快实现优良品种规模化产业化栽培的重要途径。一般核桃树高接后第三年便可恢复原来的树冠，达到盛产期的产量水平，因此，对低产劣质核桃树实施高接换优技术是核桃低产园改造中的一项重要工作。

（一）品种选配

优良品种是高接核桃树丰产优质的根本，所以在品种选择上必须严格把关，做到品种纯正，来源清楚，质量可靠。拟选适合当地立地条件和气候条件的优良品种。每个高接园或高接点品种不宜太多太杂，以 1～2 个品种为宜。若是在新发展区或周围无核桃树的区域，高接时应考虑授粉树的搭配问题。要选择一个花粉期相匹配的品种作为授粉品种，按 4：1～6：1 的比例呈带状或交叉状配置，以提高授粉能力。

（二）嫁接技术

1. 硬枝嫁接技术

（1）砧木的选择及处理。选择生长健壮、无病虫害的植株。每株接头的多少视砧树的大小而定，一般 6 年以下的树进行单头高接，7～15 年的树每株 2～4 个接头为宜，高接树干以 0.6～1.2 m 为宜。在尊重原树型的基础上，按树冠从属关系锯好接头，嫁接部位直径 5 cm 以下为宜，过粗不利于砧木接口断面的愈合，也不便绑缚。为防止"伤流"影响嫁接成活，接前必须在砧木基部间隔 5 cm 用锯锯两刀，深度达到木质部 1 cm 左右，进行放水处理，使伤流液从锯口流出。

（2）接穗的处理。

①穗条采集。一般在秋末冬初，选择树冠外围长 1 m、粗 1～1.5 cm 的当年生发育枝或长果枝，要求髓心较小，健壮充实、无病虫害，一般选取中下部发育充实的枝段作为穗条。穗条选好后，要在 95～100℃石蜡中速蘸冷却后装在塑料袋中，在 0～5℃湿沙中冷藏或埋藏。穗条要妥善保存，关键是防止储藏过程中穗条水分损失。

②穗条催醒。经贮藏的穗条在嫁接前需进行催醒，根据枝接日工作量，在嫁接前 3 天取出穗条，将其浸入水，每天换水一次，待穗条离皮时，即可进行剪截。

③接穗剪截。接穗剪截的长度为 15～18 cm，保证有 2～3 个饱满芽。要特别注意顶部第一个芽的质量，一定要完整、饱满、无病虫害，以中等发育芽为好，

顶端第一个芽应距剪口 1 cm 左右。发育枝顶端不宜作接穗使用。

（3）嫁接时间。采用多头劈接、插皮舌接的嫁接方法。嫁接时期以砧木离皮至萌芽期最佳，一般为 4 月中旬至 5 月上旬。

（4）嫁接方法。嫁接时先将高接砧木用手锯截去上部，用刀削平锯口，将接穗剪成长 12～15 cm、保留 2～3 个饱满芽的枝段，下端削成 5～6 cm 长的舌状削面，削的斜度先急后缓，削面圆滑，不出棱角。在砧木锯口下侧面选择光滑部位，按照接穗的形状，由下至上轻轻削去老粗皮，露出嫩皮，其削面的大小略大于接穗削面，然后将接穗面前端皮层捏开，将接穗舌状木质部慢慢插入砧木木质部与皮层之间，使接穗皮层紧贴在砧木皮层的削面上，接穗露白 1 cm 左右，根据砧木断面的粗细，每个接头插入 2～3 个接穗。插好接穗后，用塑料条将接口绑缚严紧，外面套上塑料袋。待接穗萌芽后，及时开孔放风。

2．嫩枝芽接技术

（1）砧木的选择及处理。对计划采用芽接换优的核桃园，可先行粗略修剪，去掉无用的交叉大枝、重叠枝、密挤枝、病虫枝。同时注意平衡树势，树冠上大的枝，要疏除上部大枝，外围枝也要适当疏除。

萌芽前，选留 3～5 个方向、位置较适宜，直径在 10 cm 以下的主枝作为骨干枝，对主干上的辅养枝或骨干枝上的侧枝留 5～10 cm 截枝，促发新梢。主干或骨干枝有较长光秃带，可通过刻、锯等造伤，促隐芽萌发新梢，便于嫁接。当新梢长到 10～15 cm 时，每个截留枝上选取 1～2 个健壮新梢，其余全部抹除。

（2）嫁接时间。当嫁接枝上新梢长到 60 cm 以上、基部基本木质化时，即可进行芽接，以 5 月下旬至 6 月下旬嫁接为宜，此时温度、湿度条件适宜，砧木、接穗生长旺盛，嫁接后容易形成愈伤组织，接芽萌动快，生长量大，木质化程度高，有利于安全过冬。

（3）嫁接方法。嫁接方法为方块芽接（又称工字形芽接）。嫁接部位应选在砧木地际径以上 20～40 cm 平直光滑、节间稍长的部位为宜。选择穗条上饱满、健壮芽，约高出芽 2～3 mm 处，将芽柄削掉；在芽的上、下 1 cm 处各横切一周至木质部，从芽的背面两刀之间竖取宽约 2～3 mm 的皮条备用；然后用刀柄剥离芽周围的皮，用拇指及食指紧按芽的两侧，用搓力取下芽片，可使芽片带上芽心肉

（不带芽心肉的芽片不能使用），取下的芽片注意保湿（最好放入口中）。用取下的皮条在砧木上选择平滑处量取其长度，上、下各一横刀，然后在两刀之间呈工字形切开，用刀柄剥离其皮，将芽片嵌入其中，其上部与砧皮相接即可；用塑条先从叶柄部位绑紧，然后绑紧上下部位，注意要将芽露出。绑扎后用手指按其叶柄，无起伏感即可。接完后，应在嫁接部位上部留 2 片复叶，其余枝叶全部剪除。

（三）接后管护

1. 补接

无论春季还是夏季，都要在嫁接 20 天后检查成活情况，未接活的及时进行补接。春季补接不活的，可选留 2～3 个位置较好的萌芽，以便补以夏季芽接。

2. 抹芽

对嫁接后接穗已经成活的植株，要及时除掉砧木上的所有萌芽，一般 10 天左右一次，连续 3～4 次。春季嫁接未成活的，每处断面保留 2～3 个萌芽，过多的萌芽也要去掉；夏季芽接后 20 天内，要去掉所有砧木萌芽，20 天后，接芽未成活的可以保留接芽以下的萌芽。

3. 剪砧、解绑

夏季芽接的，当接芽长到 5 cm 时剪砧，把接芽以上的部分剪掉。无论春季枝接还是夏季芽接，都要在接芽长到 15～20 cm 时解绑，并绑缚支棍，防止风折。接后两个月，当接口愈伤组织生长良好后，及时除去绑缚物，以免阻碍接穗的加粗生长。

4. 摘心

当嫁接的新梢长到 40 cm 左右时，要及时摘心，摘除顶端的 5～8 cm 嫩梢，促进分枝和新梢基部增粗。

5. 病虫害防治

嫁接当年春季要注意防治食芽害虫，夏季要注意防治食叶害虫，保证接芽的安全萌发和生长。改接后的树干要涂白，防止夏季日灼。

6. 肥水管理

嫁接后，视土壤墒情加强肥水管理，在土壤缺墒不太严重时，嫁接后 2 周内不浇水施肥，当新梢长到 10 cm 以上时应及时追肥浇水，也可将追肥、灌水与松土除草结合进行。没有灌溉条件的大树，可进行叶面喷肥，每 10～15 天喷施一次 300 倍尿素，还可与病虫害防治的农药一起喷施，一般 8 月中旬以后应停止喷施尿素，改为 300 倍磷酸二氢钾，以防新梢徒长。10 月底至 11 月初结合施基肥灌足越冬水。嫁接当年严禁间作高杆作物和秋冬季蔬菜，幼树芽接改造园地禁止种植冬麦。

7. 冬季防寒

多数嫁接当年萌发的新梢，耐寒力较差，最好在冬季采取适当的防寒措施。越冬前树干涂白刷干，整个树干及主枝基部 20 cm 处全需涂白。土壤封冻前树干埋土，埋土高度 50～60 cm；落叶树体喷洒 3°～5°Be 石硫合剂，第 2 年 2 月底至 3 月初树体再喷洒 3°～5°Be 石硫合剂；11 月中旬至 12 月初，用毡绒布包扎嫁接枝条，自嫁接部分以下 20 cm 初开始包扎，包扎长度不少于 50 cm。

（四）改善生产条件

经过高接而形成的新树冠，由于嫁接部位发枝多，比较密集，若任其自然生长则树冠比较紊乱，难以形成主从分明的树体结构，早实核桃比晚实核桃表现得更为严重；由于砧木根系强大、储藏营养充足，高接后生长量很大，有时当年新梢可达 1.5 m 以上。因此，要特别注意树形的培养，否则会造成营养的巨大浪费。在高接后 3～5 年内，要注意主侧枝的选留，根据不同枝上的位置，选留好主枝。对留作侧枝的，可摘心促使分枝，增加枝量，同时去除杂乱枝，培养好新的骨架。若接口附近发枝太多，应按去弱留强的原则，在早期对弱枝和过密枝等进行疏除和短截，然后按整形修剪的方法培养树形。

　　早实核桃高接后 1 年，晚实核桃高接后 3 年开始结果，并很快进入大量结果阶段。必须加强高接树的肥水管理，才能保征树势健壮，高产优质。尤其是高接的早实核桃品种，地下管理和地上管理均需加强，要提高管理水平，增强树势，并采取适当疏果措施，以保持树体的合理负载，以便促进改接后树冠的恢复和产量的提高，防止结果过多引起树势早衰，甚至枯枝死树现象的发生。

　　除了采取改良核桃品种、调整树体结构、改善土壤及树体营养状况等措施以外，还应掌握核桃黑斑病、核桃炭疽病和核桃举肢蛾等病虫害的发生规律，适时防治，做到"治早、治小、治了"，从而使核桃低产园真正实现高产、优质、高效。

　　核桃树整形修剪是根据核桃的生长发育规律、品种生物学特性与当地生态条件和其他综合农业技术配合的技术措施，通过人为影响，选留枝条，培养和调整好核桃树的骨干枝，处理好各级枝条的从属关系，使树冠内各类枝条合理分布，改善群体与个体之间的光照关系，保证单一个体树冠通风透光，形成良好的树形，同时培养核桃有良好的树体结构，培养出丰产稳固树形，调节营养生长与生殖生长的关系，创造早果、高产、稳产、优质的条件，建立合理的丰产群体。

第九章　花果管理、采收及采后处理

第一节　生长特性

一、根

核桃属高大乔木，根系发达，为深根性树种。新疆是灌溉型绿洲农业，人工种植的核桃主要分布在平原地区，由于受冬季低温、夏季高温、土壤盐碱、大风沙尘等生态气候的制约，新疆核桃又集中分布在南疆和田、喀什、阿克苏这三个地区的浅山、平原绿洲内。

新疆核桃是灌溉型绿洲核桃，形成了独特的灌溉核桃树根系特征。

（一）核桃树根系在土壤中的分布规律

新疆核桃的根系主要集中分布在 $20\sim60$ cm 的土层中，约占总根量的 80% 以上；水平分布主要集中在树干周围，根幅约为冠幅的 $1\sim2$ 倍。随着灌溉条件的满足程度，核桃树的根系变浅、根幅变小。

核桃树根系的水平分布，主要集中在以树干为中心的一定范围内，大体与树冠边缘相一致，随着与树干距离的增加，各级根系数量均有减少之势。

（二）核桃树根系的生长周期

核桃树根系在年生长周期中有两个生长高峰，尤其分布在浅层土壤中的根系尤为明显。核桃树根系在冬季 12 月、1 月、2 月上旬几乎不形成新根，随着 2 月中旬土壤温度开始回升，根开始生长、速度加快，一般在发芽前 20～25 天新根的形成数量和延长生长增加，至新梢快速生长前减缓；在新梢生长停止和果实生长减缓时，根生长又开始加速，直到落叶时又降至最低水平。

二、芽

晚实类核桃芽型小，腋芽紧贴叶腋。早实类核桃芽型大，混合芽或营养芽一般具芽柄，腋芽离开或远离叶腋，在营养枝上表现更加明显。核桃芽有四种，如图 9-1 所示。

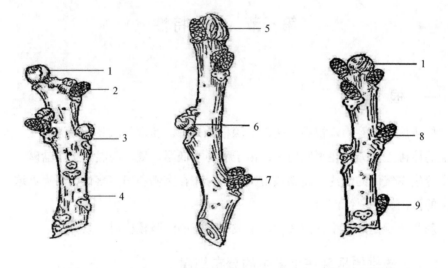

1—顶混合芽；2—混、雄叠生芽；3—营、营叠生芽；4—潜伏芽；5—顶营芽；

6—混、营叠生芽；7—雄、雄叠生芽；8—营、雄叠生芽；9—雄花芽。

图 9-1 核桃芽类型

（一）混合芽

圆形，芽内含有枝、叶、雌花原始体。芽萌动后发生枝、叶和雌花，发育成结果枝。早实类型顶芽及以下 3～5 叶腋（或更多）均可着生混合芽。晚实类型多顶芽及以下 1～2 芽为混合芽。

（二）营养芽

似阔三角形，着生于营养枝顶端及以下各节与结果枝混合芽以下各节。单生或与雄花芽叠生。萌发成枝、叶，不开花结果。晚实类核桃树幼龄期和初果期这种芽最多。

（三）潜伏芽

在正常条件下不萌发的芽，主要着生在枝条的基部或下部，单生或复生，芽型瘦小，有 3 对鳞片，叶芽或混合芽。随枝龄增加，芽体逐渐干枯脱落，芽原基埋伏于皮下，寿命可达数十年到数百年。早实类核桃树这种芽较多，当枝条上部受害后，隐芽可萌发成结果枝或营养枝。

（四）雄花芽

裸芽，形状为圆锥形，为雄花序缩短体，主要生于一年生枝的中部或中下部，单生或双雄芽叠生，或与混合芽叠生。雄花芽膨大伸长成雄花序，上面着生多个小雄花。这种芽愈多，消耗营养愈多。

三、叶

核桃树是奇数羽状复叶，一般在 4 月中旬（阿克苏地区）混合芽或营养芽萌动后，随着新枝的出现和伸长，复叶也逐渐展开。

复叶上着生小叶片，小叶片的数量、大小、色泽等与品种和树龄有关。晚实类核桃树一般由 5、7、9 片小叶组成复叶，叶形为椭圆形，顶端渐尖，叶色自展叶开始保持淡绿，叶老时稍深。早实类核桃树由 3、5、7、9 片小叶组成复叶，还具有单叶；3 片小叶的复叶和单叶多为畸形，叶主脉扁宽，复叶顶部小叶呈倒卵形，特大。早实类核桃树的叶片刚展开时带红色，有的还特别鲜艳，随着叶片的长大，红色渐退而逐渐变成深绿色，厚度也显著增加。

叶子是进行光合作用、呼吸作用和蒸腾作用等生理、生化机能的重要器官。早实类核桃树的叶片厚而肥大，颜色浓绿，单位面积上叶绿素的含量比晚实类核桃树高，因此光合作用强，有利于营养物质的合成，是促进早结实和丰产的有力因素。

复叶的多少与质量对枝条和果实的发育关系很大。据观测，着双果的枝条要有 5～6 片以上的正常复叶，才能保证枝条和果实的发育，并保证连续结实。低于 4 片的，尤其是只有 1～2 片叶的枝难于形成混合芽。

核桃树的落叶期自 10 月中旬到 11 月上旬，落叶期基本上与品种类型的果实成熟期呈正相关，果实成熟早的落叶早，果实成熟晚的落叶晚。

四、枝条

核桃树的 1 年生枝条可分为两类，即结果枝和营养枝。

（一）结果枝

开花结果的枝条称为结果枝，按其生长状态，可分为软果枝和硬果枝，前者为晚实类核桃树的果枝状态，后者多为早实类核桃树的果枝状态。按其长度可分为三种类型。

（1）短果枝：长度在 5 cm 以下。

（2）中果枝：长度在 5.1～15 cm。

（3）长果枝：长度在 15 cm 以上。

核桃树结果枝的数量和长短，是影响产量的重要因素之一。它依品种类型、树龄、立地条件和栽培水平等的不同而有差异。早实丰产核桃树的结实枝短而多，尤其是丰产类型，短果枝占绝对优势，树冠紧凑，单位面积产量高。大多数晚实类核桃树，结果枝长，离心生长力强，结果枝的顶部具 2～3 个混合芽和营养芽，其下部均为雄花芽，有的结果枝仅顶端 1 个混合芽或营养芽，其下部均为雄花芽，故称为雄花枝。这些枝条藉顶部芽萌发，逐年向外伸张，形成空膛的庞大树冠，单位面积产量低。核桃树幼龄期和结实初期，在条件良好的情况下，结果枝较少而较长，在这方面，晚实类核桃树表现得尤为突出。随着树龄的增长，结果枝随之增多而梢短，但在衰老更新期一定时间内，又有梢向相反方向（即营养枝多、结果枝少而长度增加）趋势发展的情况。

（二）营养枝

由营养芽（有的由隐芽）产生的枝条，只有枝、叶，不开花结果，叫营养枝。营养枝又可分为发育枝、徒长枝、二次枝等枝型。

（1）发育枝是扩大树冠形成结果枝的基础。早实类核桃树的发育枝能形成混合芽，次年抽生结果枝。早实类核桃树的盛果初期，强壮的发育枝上能形成一连串的混合芽（亦有少量营养芽），这些混合芽有的在一枝粗长的发育枝上产生20～40个，次年发育成一连串的结果枝，这是早实类核桃树形成树冠的主力。晚实类核桃树幼龄期的发育枝，要延续几年才能形成混合芽。

（2）徒长枝一般是因大枝受到创伤由隐芽或不定芽产生的。同样的条件下，发生徒长枝多的植株，抗逆性较弱；有时因为立地条件的突变，也易产生徒长枝。徒长枝端直而不充实，当年不易产生混合芽。如数量过多，会大量消耗养分，影响树体的正常生长和结果，故生产中应加以控制。

（3）二次枝又称为夏梢，这是早实类核桃树的特性之一，结果枝春季开花后其傍侧顶芽又萌动抽生枝条。二次枝上多混合芽和营养芽，少有雄花芽；二次枝生长旺盛，它与一次枝连结一起，其上的许多营养芽和混合芽第2年又可发育成一连串的结果枝组。

核桃的营养枝一般比结果枝长，最长的1～2 m。生长期的长短依品种、枝型的不同而异。发育枝自4月中旬开始萌发，到6月上中旬停止生长；徒长枝和二次枝从5—6月开始萌发，到8月底或9月初才停止生长，这种枝条的髓心很大，木质化很差，越冬困难。

（三）雄花枝

雄花枝，除顶端着生营养芽外，其他各节着生雄花芽。雄花枝短小细弱。雄花序脱落后，顶芽以下光秃。雄花枝多着生在老弱树或树冠内膛郁密处，是树势过弱的表现，消耗养分较多。

第二节　开花特性

核桃为雌雄异花、同株、异熟树种。核桃开花是由营养生长向生殖生长转化的过程，是一个极为复杂的过程。既受遗传物质的制约，也与内源激素平衡、营养物质的积累和一系列生理、生化过程有关，同时还受栽培条件与技术措施的影响。

一、花芽分化

核桃为雌雄同株异花树种，雌花起源于混合芽生长点，约于 6 月中旬进行形态分化期，翌年 4 月完成雌花分化。

（一）雌花芽的分化

核桃雌花芽的分化，包括生理分化期和形态分化期。

1. 生理分化期

核桃雌花芽的生理分化期约在中短枝停止生长后的第 3 周开始，到第 4～6 周为生理分化盛期，第 7 周已基本结束。南疆一般在 5 月中下旬到 6 月下旬。

花芽生理分化期，是控制花芽分化的关键时期。此时花芽对外界的刺激较为敏感，因此，可以人为地调节雌花的分化。如在枝条停长之前，可通过修剪措施如摘幼叶，调节光照，少施氮肥，减少灌水，喷生长延缓剂等，来控制生长，减少消耗，增加养分积累，调节内源激素的平衡，从而促进雌花芽的分化；相反，如需树势复壮，则可采取有利于生长的措施，如多施氮肥，去掉部分老叶等，则可抑制雌花分化，促进枝叶生长。

2. 形态分化期

雌花芽的形态分化是在生理分化的基础上进行的，整个分化过程约需 10 个月才能完成。形态分化期开始于 6 月中下旬至 7 月上旬，雌花原基出现期为 10 月上中旬，冬前在雌花原基两侧出现苞片、萼片和花被原基，此后进入休眠停止期，翌春 3 月中下旬继续完成花器各部分的分化，直到开花。

形态分化期需消耗大量的营养物质，应及早供给和补充养分。因此，掌握雌花形态分化期对核桃丰产栽培具有重要意义。

（二）雄花芽的分化

雄花芽于 4 月下旬到 6 月上旬形成。5 月中旬，雄花芽的直径达 2~3 mm，表面呈现出不明显的鳞片状；5 月下旬至 6 月上旬，小花苞和花被的原始体形成，可在叶腋间明显地看到表面呈鳞片状的雄花芽；到翌年 4 月迅速发育完成并开花散粉。

（三）二次花的花芽分化

早实类核桃的二次花，一般是在环境因素作用下发生的，多为低温冻害所致。二次花花芽的分化，从 4 月中旬开始，5 月上旬奠定基础，5 月中旬分化完成就能开放。二次花相距一次花 20~30 天。

二、雌雄花的开放

通常情况，尤其是晚实类核桃树，是雌雄花同株的单性花。雄花是柔荑花序，雌花是单花、双花或穗状花序。在同一株树上，雌花和雄花开放的时间不一样，称为异熟性；雌花先开的称为雌先型，雄花先开的称为雄先型，雌雄花同时开放的很少见。根据在阿克苏对早实类核桃树的观察：雌花花期从初花到末花是 32 天，雄花花期从初花到花落是 22 天。一般情况下，盛花期均在 4 月中旬和 4 月下旬，个别晚花类型，雌花盛花期在 5 月上旬。观察的数据表明，核桃花开放的时期和速度受气温变化的影响。春季气温上升晚，核桃树到 4 月 17 日才开始开花，但当时春温上升快而稳定，花期大大缩短。值得注意的是，大多数早实类核桃树雌先型的雌花末期与雄花的初花期重合，这样部分开花晚的雌花就有可能自花授粉。反之，春季气温上升早，且升温振幅小，整个花期延续的时间长达 32 天。尤其值得注意的是，在春季气温较低、不稳定的情况下，核桃雌雄花期叠合的时机很少，有的雄花期与雌花期相距的时间还较长，这样就没有自花授粉的可能性。

核桃树的花期与品种类型有关，在相同的环境条件下与树龄也有关：树龄大，花期较早，幼树的花期较迟。此外，核桃树在土壤盐碱较重的情况下，不但会缩短整个年周期的活动过程，而且也会推迟花期的时间。

基于核桃雌雄花同株异熟的特性，核桃生产园必须科学配置授粉品种。

三、二次花的开放

核桃树在 1 年内开放二次花，这是早实性的重要特性，在单株选优过程中，把它作为选择早实类型的重要标志之一。第二次花，抽放的时间较长，自 5 月中旬开始至 6 月底均有。二次花序有两种类型：一种类型是雌雄异序，雌花有的是 1～3 朵，有的成穗；另一种类型是雌雄同序，上部是雄花花朵，下部是雌花花朵，而有些雌花花朵中又着生雄蕊，成为雌雄同花的两性花朵。

二次雌雄花在 5 月中旬至 6 月上旬开放。由当年结果枝的顶芽和腋芽形成第二次花，在一个果枝上有时出现 6～7 个花序。第二次雌花可以接受第二次雄花花粉而发育成果实，开花早的果实能够成熟，但核果体积较小，多为畸形，每公斤有 190～200 个核果，出仁率为 36.1%，含脂肪率为 68.17%，蛋白质 16.07%，糖 3.36%。用二次果种子繁殖的苗木，生长健壮，坚果性状也因授粉父本的不同而有所变异。二次雌花开放晚的果实不能成熟，大多数二次雌花均因授粉不良或花期晚，所结核果为空粒。

二次花的雄花序，一般长 30～40 cm，最长的达 93 cm。大多数花轴木质化，不易脱落，尤其是雌花序花轴和雌雄同序花轴，多不易脱落，应该认为这是结果枝的变态。

早实类核桃开第二次花，结第二次果实，从坚果的产量和质量来衡量，并没有多大的经济价值。核桃树大量地抽放第二次花（尤其是雄花）要消耗树体的很多营养，影响次年正常结实，从这个角度讲，二次花是一个消极的因素。

然而在核桃树群体中，只有在早实类核桃树中才具有抽放第二次花的现象，短期内能进行花芽分化形成第二次开花，说明器官发育速度快，这是早实核桃树的独特特性。用二次串状果繁殖的子代，其坚果性状一般不亚于或稍次于母本的一次果，并且易获得结果早和丰产的单株。

四、花粉的活力

核桃树的花粉粒呈黄色，球形，借风力传播。据国外报道，每个花药中含花粉约 900 粒，每个雄花序含有花粉粒 180 万～200 万粒，足见其花粉数量之多。根据在自然室温 20～27℃（平均 23℃）情况下进行核桃花粉发芽率的试验证明：核桃花粉容易丧失发芽力，对从树上刚采下的花粉进行发芽测定，其发芽率普遍为 30%左右，最高能达到 50%；经过保存 24 小时后，发芽率急剧降到 10%左右，最高仅有 20%。

试验表明，晚实类和早实类核桃树的花粉，发芽率没有明显的差别；但不同时期的花粉，其发芽率差别显著。盛花期的花粉发芽率最高，初花期和末花期的花粉发芽率次之，这是由于初花期的部分花粉尚不成熟，而末花期的部分花粉已经干萎衰老所造成的。此外，核桃花粉最忌干燥，在干燥器内放置氯化钙，花粉贮存 24 h 后会完全失去发芽能力。

总之，核桃进行人工辅助授粉时，花粉采下后要及时进行授粉，并且授粉量要适当多些。花粉保存的时间越长，其授粉效果越差。

五、授粉

核桃的雌花柱头不分泌花蜜，故无蜜蜂或其他昆虫来访传粉，而靠风媒。授粉树距主栽品种不宜超过 100 m。

核桃一般为雌雄同株异花，但在从新疆引种的早实核桃幼树上，也发现有雌雄同花现象，不过，雄花多不具花药，不能散粉；也有的雌雄同序，但雌花多随雄花脱落。上述两种特殊情况基本上没有生产意义。核桃雄花序长 8～12 cm，偶有 20～25 cm 者，每个花序着生 130 朵左右小花，多者达 150 朵，每序可产花粉约 180 万粒或更多，重 0.3～0.5 g，有生活力的花粉约占 25%。当气温超过 25℃时，会导致花粉败育，降低坐果率。雄花春季萌动后，经 12～15 天，花序达一定长度，小花开始散粉，其顺序是由基部逐渐向顶端开放，约 2～3 天散粉结束。散粉期如遇低温、阴雨、大风等天气，将对授粉受精不利。雄花过多，消耗养分和水分过多，会影响树体生长和结果。试验表明，适当疏雄（除掉约 95%雄芽或雄花）有明显的增产效果。

第三节　果实各时期发育特性

一、果实的生长发育

核桃树雌花授精后，柱头开始发黑干枯，幼果逐渐膨大生长，从幼果生长到果实外果皮发黄开裂、成熟，是核桃果实的生长发育期。果实生长发育期的长短，依品种、地理气候等不同而差别很大。一般核桃果实的生长发育期为 130～150 天，早熟核桃的生长期短至 120 多天，晚实厚壳核桃则长达 170 多天。

核桃果实从 5 月初开始柱头发黑干枯，幼果进入快速生长时期，持续 30 天左右，5 月下旬生长最快；6 月上旬生长逐渐变缓慢，开始硬核，持续 30～40 天，7 月上旬果实停止生长，果实大小基本定型；7 月初开始进入油脂转化期，核桃仁由半透明的浆糊状逐渐变成乳白色的半固体，持续 50～60 天，到 8 月下旬，核仁风味由甜淡变成香脆；8 月下旬至 9 月中下旬为成熟期，持续 20～40 天，外果皮由青绿逐渐变为黄绿色并开裂，即完成果实的生长发育。

果实外果皮的厚薄，对坚果产量有一定影响。一般情况下，成熟早或薄壳核桃的外果皮较薄，为 0.4～0.5 cm；成熟晚的厚壳核桃，外果皮较厚，为 0.5～0.7 cm，最厚者可达 1.2 cm。核桃的外果皮可以提取染料或用作肥料，但形成外果皮需消耗一定养料，会影响坚果产量，因此在选种时尽量选用外果皮薄的核桃作种。

核桃树存在着落花落果现象。引起落花落果的原因，其中能观察到的是大风、干旱风的不利影响。南疆 4—5 月，正值核桃盛花期，常出现干旱风吹干雌花柱头。另外，风携带大量灰尘包住柱头，雌花被直接刮干或不能授粉；生长期中的大风将核桃枝条摇曳撞击，使果实掉落。

二、结果枝的着果性能

核桃树结果枝的着果性能，依品种类型而有不同。核桃结果枝长度、发枝能力、着果性能是构成产量的三大重要因素。一般晚实类核桃，多系长果枝结果，仅枝端 1～2 个芽发枝，单果占绝对优势，构成了空膛的庞大树冠，以致单位面积上的产量较低。

早实类丰产品种（类型）多系短果枝结果，发枝力强，双果和三个以上的多果占绝对优势，构成具内膛结果的紧凑树冠，单位面积产量很高。

核桃树结果枝的着果性能，是指结果枝上的一个混合芽内所能形成的雌花数和坐果数量。有的混合芽形成一朵雌花，坐一个果，有的形成两朵雌花，坐两个果；有的形成一个花轴，在花轴上着生三朵以上雌花，形成一串果穗。不同着果数在总体果实中的比例称为单果率、双果率和多果率。双果率和多果率越高，则单位面积产量越高。

早实丰产品种类型由于它的强大的形成雌花性能和很高的坐果量，以及许多短果枝构成的结果枝组，所以易出现串状果、穗状果、丛状果等果丛状态。

（一）单果

一个混合芽形成一朵雌花，坐一个果的称为单果，如图 9-2 所示。

图 9-2 单果

（二）双果

一个混合芽形成两朵雌花，坐两个果的称为双果，如图 9-3 所示。

图 9-3　双果

（三）多果

一个混合芽形成一个花轴或多个花轴，其上着生三朵以上雌花，形成串状果、穗状果、丛状果。

1. 串状果

由结果母枝顶端混合芽产生的一个花轴，在花轴上形成许多雌花并发育成果实，果柄很短，构成一串，类似念珠，故称串状果。

2. 穗状果

结果母枝顶端混合芽产生一个花轴，其上形成一个雌花；顶芽以下的几个腋芽，也发育成雌花，每腋间有雌花 1～2 朵，合起来类似圆锥花序，均发育成果实，腋间果实有较长果柄，有时能见到退化的叶痕。另一种情况是，结果母枝顶端混合芽产生的一个花轴，在花轴基部又形成几枝分轴，分轴上也着生雌花，构成葡萄状花序，发育成果实。这些统称穗状果，如图 9-4 所示。

图 9-4　串状果、穗状果

3. 丛状果

丛状果有三种类型：①由短果枝组构成的果实群，果实非常集中，外观果多叶少。②盛果初期的壮龄树，结果母枝上的顶芽和腋芽都是混合芽，有时 7～8 个叶腋中都有混合芽，这些混合芽发育成结果枝（具有枝、叶、雌花）而开花结果。③结果母枝上大型顶芽的苞片内隐藏的小型混合芽，均发育成轮状放射形排列的结果枝而开花结实。

上述的串状果、穗状果、丛状果，都是指第 1 次果实而不包括 2 次果。这三种类型，在同一植株上并不一定同时存在，而每年产生的数量也很悬殊。一般说来，串状和穗状果实体积较小，丛状果实体积的大小依品种类型而异。这些果穗或果丛的出现，一方面标志着品种类型的丰产性能，另一方面也象征着丰产年份的到来，如图9-5所示。

图9-5　丛状果

4. 果实结构特征

核桃果实为坚果，最外侧为总苞，也叫青皮。总苞肉质在果实的最外侧，厚0.3～0.5 cm，主要由石细胞、木质素等组成，具有保护外种皮的作用，果实成熟时青皮由绿变黄、开裂、与外种皮分离。青皮内侧为外种皮，为骨质化的坚硬核壳，厚0.3～2 mm不等，如"新新2号""温185"核桃壳表面刻纹就少而浅，缝合线平滑。外种皮内侧为一层很薄的内种皮，颜色有浅黄色和深褐色，一般颜色浅的不涩，颜色深的发涩，内种皮将种仁分为四室。种皮内的种仁即为可食部分，种仁的多少是衡量核桃果实品质的重要指标，"扎343"出仁率为54%，"新新2号"出仁率为53.2%，"温185"出仁率为65.9%。

核桃从雌花柱头枯萎到总苞变黄开裂、果实的发育时间较长，一般为115～

160 天。果实旺盛生长期有一个半月，生长稍缓后，果皮开始硬化，以后仍有生长。核桃果实发育大体可分为以下四个时期。

果实速长期：受精过程完成后 4～6 周为果实速长期，在新疆南疆一般为 5 月初至 6 月初。此期是果实体积生长最快的时期，果实直径日平均绝对生长量达 1 mm 以上，经过此期的生长，果实大小基本定型。

果壳硬化期：在阿克苏地区为 6 月初至 7 月中旬，约 35 天。此期坚果核壳自果顶向基部逐渐变硬，种仁由浆状物变为嫩白核仁，营养物质迅速积累。此期如果光照不足，会导致核壳发育不实，在硬壳上出现发育不好甚至露仁的斑点果实。据研究，核壳发育不全的发生率与品种、年份以及树体光照状况等有关，新疆起源的部分核桃品种往往发生率较高，硬核期阴雨天多的年份发生率高，树体郁闭的地块内膛发生率高。

油脂迅速转化期：在阿克苏地区为 7 月初至 8 月下旬，为 50～55 天。此期坚果脂肪迅速增加，同时核仁不断充实，重量迅速增加，含水量下降，风味由甜淡变成香脆，是核桃品质形成的重要时期。

果实成熟期：在阿克苏地区为 8 月底至 9 月底。此期果实青皮由绿变黄，有的出现裂口，坚果易脱出，坚果含油量仍有增加。因此，为提高果实品质，不宜过早采收。

因地理纬度差异，喀什、和田地区的果实成熟期要比阿克苏地区提前 10～15 天。

第四节　花果管理技术

一、保花保果措施

（一）增强树势

为增强树势，须加强核桃园肥水管理，及时防治病虫害；进行生长季节修剪，改善树冠透光度，促使枝条生长充实、花芽饱满；增加树体贮藏营养，提高树体越冬能力。

（二）人工辅助授粉

核桃树多为自花不实，需异花授粉才能结实。因此，有条件的可进行人工辅助授粉。

首先是采集花粉。在授粉前 2～3 天，采集授粉品种初期的雄花序，放在光面纸上摊薄阴干，温度保持在 5～8℃。1～2 天后花药开裂散出花粉，将其装入干燥小瓶内，0～5℃条件下避光保存备用。

其次进行人工辅助授粉。在核桃树盛花期，将花粉与滑石粉或淀粉按体积为 1∶100 的比例混合均匀，用喷粉器喷授。或者按花粉∶葡萄糖∶尿素∶硼酸∶水 =1∶1∶1∶1∶500 的比例配置成花粉液，混匀后用喷雾器喷授。做到随配粉剂随喷授，喷施均匀。

二、疏花除雄

（一）新植树

定植当年及第二年的植株，所有的雌、雄花都须疏除，以减少养分消耗，保证植苗成活和扩大树冠。

（二）结果树

结果盛期可除去雄花 3/4 或 2/3，以减少养分消耗，促进增产，提高果实品质。

第五节　果实采收

一、采收期

核桃果实的适时采收，是一个非常重要的环节。果实成熟期因品种、地域、气候有所差别，喀什、和田地区的采收时间早于阿克苏地区 7～10 天。采收过早，青皮不易剥离，种仁不饱满，出仁率低，加工时出油率也低，而且不耐贮藏；采收过晚，则果实易脱落，同时果实在青皮开裂后停留树上的时间过长，也会增加受霉菌感染的机会，导致坚果品质下降。只有适时采收，才能保证核桃优质高产目标的最后实现。

核桃果实的成熟期因品种和气候条件不同而异。早熟与晚熟品种的成熟期，可相差 10～25 天。同一地区内的核桃成熟期也有所不同，平原区的比山区的成熟早，低山地的比高山地的成熟早，干旱年份的比多雨年份的成熟早。不同品种，采收时间不一。科学的采收时间应是品种核桃的商品成熟期。

不同商业用途对核桃品质的要求亦不同。青皮核桃只要核仁能够食用就行，不要求核仁成熟度；种子用核桃、加工油料用核桃、加工蛋白粉用核桃则都要求核仁充分成熟；生食核桃、加工仁用核桃则要求核仁颜色浅、淡，核仁成熟适度，欠熟核仁酯化反应不够、风味淡而差，过熟核仁颜色往往加深、降低商品价位。

核桃果实成熟的外观形态特征是青果皮由绿变黄，果实部分顶部开裂，达到 1/3 左右时采收，青果皮易剥离。此时果实的内部特征是核壳坚硬，幼胚成熟，种仁硬化、饱满，呈黄白色，风味浓香。这时，是果实采收的最佳时期。

在新疆阿克苏地区，核桃的青果皮由绿变黄、果顶裂缝为 70%～80% 时为核桃最佳的采收时期。要做到分品种统一采收、清洗、制干。阿克苏地区依品种先后成熟的顺序排列为"温 81""温 185""新丰""新早丰""新温 179""扎 343""新萃丰""新新 2 号"。一般年份"温 185"在 9 月 10 日左右成熟，"扎 343"在 9 月 20 日成熟，"新新 2 号"在 9 月 25 日至 10 月 3 日期间采收。同一品种、同一区域沙壤土比壤土的核桃早成熟 3～5 天。

二、采收方法

核桃的采收方法，有人工采收法和机械震动采收法两种。

1. 人工采收

人工采收是我国目前最普遍的方法，就是在果实成熟时，用竹竿或带弹性的长木杆敲击果实所在的枝条，或直接触落果实。其技术要点是，敲打时应该从上至下，从内向外，顺枝进行，以免损伤枝芽，影响翌年产量。

2．机械采收

机械震动采收是近年来国内外普遍使用的方法。此法的优点是，采收效率高，青皮容易剥离；其缺点是，由于使用乙烯利催熟，往往会造成叶片大量早期脱落，因而会削弱树势。

三、脱青皮

1．人工脱皮法

对已开裂的核桃，果实采收后放置在阴凉处，可直接用棍敲击脱皮或戴橡胶手套手工剥除，可避免手被污染，同时也不影响工作效率，值得普遍推广。手工剥不掉或棍棒敲不掉的可用小刀刮除。

2．机械脱皮法

用核桃脱皮机处理，依据揉搓原理，将带青皮的核桃放在转动磨盘与硬钢丝刷之间进行磨损与揉搓，使得核桃青皮与坚果分离。要求青皮果无病虫害、青皮完整。若核桃青皮水分含量少，青果皮皱缩，加之揉搓力大，则很容易在脱青皮时损伤果仁。因此用机械脱皮法（纸皮核桃品种不适用）脱除核桃青皮时，必须在采收后的1～2天内脱除。采用机械脱青皮，效率高且质量好，既减轻了劳动强度，又避免了核桃青皮对手的伤害。

四、洗涤与制干

（一）洗涤

核桃脱青皮后，如果坚果作为商品出售，则应进行洗涤，清除坚果表面残留的烂皮、泥土和其他污染物，以提高坚果的外观品质和商品价值。洗涤方法是，将脱皮的坚果装筐放于水池中（流水中更好），用竹扫帚搅洗。在水池中洗涤时，应及时换清水，每次洗涤5分钟左右。洗涤时间不宜过长，以免脏水渗入壳内，污染核仁。将洗好的坚果摊放在席帘上晾晒。除人工洗涤外，也可用机械洗涤，其工效较人工清洗可提高 2～3 倍，成品率提高 10%左右。

（二）制干

核桃坚果的干制有自然晾晒和机器烘干两种方法。

1. 自然晾晒

经过清洗的核桃，不宜立即放在直射阳光下暴晒，核桃表皮干燥无水时，再移到阳光下摊开晾晒，以免果壳翘裂而造成污染，降低商品质量。晾晒的核桃厚度不应超过两层，摊放过厚则容易发热，果仁变质，也不容易干燥；应每天翻动，以免果仁变质。通常经过 5～7 天即可晾干。

2. 机器烘干

秋雨连绵的阴雨天气采收时，核桃仁很容易发霉、长毛，颜色变深，商品等级下降，核桃的自然晾晒受到限制，此时可利用机器烘干提升坚果的品质。与自然晾晒相比，机器烘干的设备及安装费用较高，操作技术比较复杂，成本也高；但是机器烘干脱水速率快、脱水完全、便于控制，具有自然晾晒无可比拟的优越性，它是现代规模化生产的主要方法，是核桃坚果烘干的发展方向。目前，我国的干燥设备按烘干时的热作用方式，一般分为对流式干燥设备、热辐射式干燥设备和电磁感应式干燥设备三种类型。此外，还有连续式通道烘干室、低温干燥室与高温烘干室之分。所用载热体有蒸汽、热风等。间歇式烘干室普遍采用蒸汽、电能电热，连续式通道烘干室则多采用红外线加热。电磁感应式干燥设备目前尚未广泛应用，生产上使用较多的是烘灶和烘房，它以炉灶加热、借助空气对流完成热传导。

坚果的摊放厚度以不超过 10 cm，过厚不便翻动、烘烤不均匀，易出现上湿下焦；过薄易烘焦或裂果。烘干温度采用三段式，烘烤时间在 50 h 左右：第一阶段为排湿阶段，烘房温度 25～30℃，要打开天窗，排出水蒸气，排湿 6～8 h 后关闭天窗；第二阶段增温烘干，将温度升至 35～40℃，烘至七八成干，一般需 28～30 h；第三阶段降温烘干，将温度降至 30℃左右，最后用小火烤干，一般要 12～15 h。烘干期间，大量水气排出前不宜翻动坚果，经烤烘 10 h 左右、无水时才可翻动。越接近干燥，越勤翻动。低温烘干时间长、品质好、耐储运。

第六节　分级包装与储运技术

一、分级

根据核桃外贸出口要求，核桃坚果依直径大小分为三等。

（一）优级

坚果外观整齐端正（畸形果不超过 10%），果面光滑或较麻，缝合线平或低；平均单果重不小于 8.8 g；内褶壁退化，手指可捏破，能取整仁；种仁黄白色，饱满；壳厚度不超过 1.1 mm；出仁率不低于 59%；味香，无异味。

（二）一级

外观同优级。平均单果重不小于 7.5 g，内褶壁不发达，两个果用手可以挤破，能取整仁或半仁；种仁黄白色，饱满；壳厚度为 1.2～1.8 mm；出仁率为 50%～58.9%；味香，无异味。

（三）二级

坚果外观不整齐、不端正，果面麻，缝合线高；单果平均重量不小于 7.5 g；内褶壁不发达，能取整仁或半仁；种仁深黄色，较饱满；壳厚 1.2～1.8 mm；出仁率为 43%～49.9%；味稍涩，无异味。

核桃坚果的包装应分品种、分等级进行，一般采用麻袋、编织袋即可，薄壳核桃须采用硬纸箱。出口的核桃商品可根据客商要求进行包装。

二、包装

分级后的核桃，要用干燥、结实、清洁和卫生的包装材料，且要求该材料无异味，不会对果实造成伤害和污染，具有良好的透气性。各包装件的表层核桃在大小、色泽等各方面均应代表整个包装件的质量情况。

　　编织袋包装一般每袋 25 kg，包口用针线缝严；果壳薄于 1 mm 的核桃可用纸箱包装。在包装袋的左上角标明产地、批号。包装检验与抽样同时进行，对不符合规定的包装容器和包装方法应予以更换。

三、储藏

（一）普通室内储藏

　　将晾干的核桃装入布袋或麻袋中，放在通风、干燥的室内储藏。为避免潮湿，最好在堆下垫空，并且要严防鼠害。少量作种子用的核桃，可以装在布袋中挂起来。此法只宜短期内存放，往往不能安全过夏，过夏则易发生霉烂、虫害和产生哈喇味。

（二）低温储藏

　　长期储存核桃应有低温条件。如储量不大，可将坚果封入聚乙烯袋中，储存在 0～5℃ 的冰箱中，可保持良好品质两年以上。在有条件的地方，大量储存可用麻袋包装，储存在 0～1℃ 的低温冷库中效果更佳。

四、运输

　　运输工具要求清洁卫生，无异味，不得与有毒有害物品混运。装卸核桃时轻拿轻放。待运时批次分明、堆码整齐、环境清洁、通风良好。严禁烈日暴晒、雨淋，注意防冻、防热，尽量缩短待运时间。在运输过程中，应防止雨淋、污染和剧烈的碰撞。

第十章　新疆核桃的加工与开发

第一节　新疆功能性核桃蛋白的加工与开发

核桃在国内外种植广泛，由于具有较高的营养品质和经济价值，一般用于直接食用或加入其他食物中以强化营养，或进一步深入加工制成核桃蛋白粉等产品。核桃蛋白是一类重要的植物蛋白资源，核桃中含 18%～24% 的蛋白质，它主要是由谷蛋白和球蛋白组成，其中约含 72.06% 的谷蛋白、15.67% 的球蛋白，还有其他两种组分为白蛋白和醇溶蛋白，分别占 7.54% 和 4.73%，其所含氨基酸种类齐全，其中必需氨基酸含量和种类与人体所需比例相似，是一种营养价值极高的植物蛋白。在食品工业中因为蛋白含量的不同，业内将核桃蛋白分为核桃蛋白粉、核桃浓缩蛋白和核桃分离蛋白三类。核桃蛋白粉、核桃浓缩蛋白、核桃分离蛋白中的蛋白质含量分别为 50%～65%、65%～90%、不小于 90%。

一、核桃蛋白粉的加工技术

（一）原理

采用冷榨脱脂技术，可以最大限度地保护核桃蛋白不变性。由于本工艺完全在低温下进行，所以可最大限度地保留各种营养成分，使核桃油中依然富含大量不饱和脂肪酸，无任何有毒化学成分添加和残留，故在食品加工生产中冷榨脱脂技术具有更高的可行性。

（二）生产工艺

1. 核桃仁去皮处理

核桃仁的皮中含有大量的酚类和单宁类物质，尽管这类物质具有一定的抗氧化功能，但其含有的明显涩味会给制备的蛋白粉带来不良风味。据文献报道，此类物质还会影响核桃蛋白在水溶液中的溶解性，尤其是核桃球蛋白的溶解性。为使其不影响核桃蛋白的特性，故在制备核桃蛋白粉前可以选择去除核桃仁的皮。核桃仁的去皮方法通常有以下三种：手工去皮、NaOH 溶液去皮、$Ca(OH)_2$ 和 Na_2CO_3 混合溶液去皮。

手工去皮方法具体为，将核桃仁完全浸没在去离子水中，在恒温水浴里 45℃ 保持 2 h，待核桃仁的表皮完全软化后，用镊子将皮剥去，将无皮的核桃仁放置在恒温鼓风干燥箱内进行烘干处理后备用。

利用 NaOH 溶液去皮方法具体为，将 0.1%NaOH 溶液在恒温水浴锅里加热到 90℃，将核桃仁加入到碱液中完全浸没并不断搅拌，搅拌 1 min 后立即用大量清水把脱落的核桃皮冲洗干净至无明显残留，并放置于恒温鼓风干燥箱内烘干，完全烘干后存于 4℃ 条件下备用。

$Ca(OH)_2$ 和 Na_2CO_3 混合溶液去皮方法具体为，用 10%$Ca(OH)_2$ 和 4%Na_2CO_3 的混合溶液加热到 90℃，将核桃仁加入到碱液中完全浸没并不断搅拌，搅拌 1 min 后立即用大量清水把脱落的核桃皮冲洗干净至无明显残留，再经过干燥处理，干燥完全后存于 4℃ 条件下备用。

有学者通过实验比较得出表 10-1，去皮方法中 NaOH 溶液去皮法操作更简便、快捷，对核桃仁品质影响小，效果更优。

表 10-1　去皮方法对核桃蛋白的影响

处理方法	NSI/%	pH	核桃仁状态
未去皮	5.10±0.55	6.65	—
手工	10.63±0.02	6.54	白色、硬
0.1%NaOH 溶液	11.87±0.11	6.83	灰白、较硬
10%$Ca(OH)_2$ 和 4%Na_2CO_3	33.36±0.01	7.70	黄褐色、稍软

2．冷榨工艺制备核桃蛋白粕

先将去皮后的核桃仁加工成适合冷榨油机的大小，通常为黄豆或花生粒大小，选用出粕口孔径为 6 mm 的冷榨油机最佳，经过机器预热后将螺杆转速调节为 90 r/min，冷榨获得核桃粕，其中蛋白含量为 55.87%，残油量为 4.21%，外观呈黄色。若榨出的核桃粕颜色为暗褐色，可能是冷榨油机内局部温度过高达到了核桃蛋白的变性温度。

3．脱脂处理

核桃仁中富含丰富油脂，但核桃油脂会影响核桃蛋白的功能特性，所以在提取核桃蛋白产品时，应先将核桃仁进行脱脂处理，普遍运用的脱脂方法为石油醚脱脂法和正己烷脱脂法。

石油醚脱脂法要求将处理好的核桃粕研碎成粉末状态，过 60 目筛。将核桃粉末置于石油醚内浸泡 48 h，至 24 h 时更换一次石油醚，期间可适当搅拌，使其中的核桃油与石油醚充分结合，将脱脂完成的核桃粕放入烘箱，使石油醚进行充分的挥发与回收。

正己烷脱脂法要求将处理好的核桃粕粉碎，过 60 目筛，加入正己烷磁力搅拌 3 h，过滤，晾干得核桃脱脂粉。

4．超微粉碎

为获得优质的核桃蛋白粉，满足不同工艺需求，在上述技术方案获得核桃粕后，还要对脱脂进行超微粉碎处理。

将核桃粕粉碎至 40 目后，再使用超微粉碎机将核桃粕粉碎成超微核桃粕粉。

二、核桃浓缩蛋白的加工技术

国内市场上存在的核桃蛋白产品大多以核桃蛋白粉为主，或作为食品加工的基础原料。核桃浓缩蛋白与核桃蛋白相比较，蛋白含量更高，其在溶解度、乳化性等功能特性领域都有较广应用，因此，在核桃蛋白粉的基础上进一步开发具有各种不同功能特性的核桃浓缩蛋白是很有必要性的。

周苗苗等学者对乙醇提取法制备核桃浓缩蛋白的工艺进行了研究,其工艺原理是,用乙醇洗涤脱脂核桃粕,脱除醇溶性蛋白、呈色物质和呈味物质等,湿粕脱溶后冷冻干燥得到核桃浓缩蛋白。核桃浓缩蛋白制备工艺流程如图 10-1 所示。

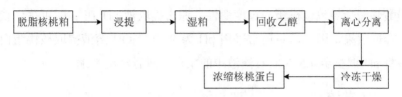

图 10-1 核桃浓缩蛋白制备流程

操作要点:

(1)预处理:将核桃粕进行去油处理并充分烘干,将干燥的核桃粕过 80 目筛。

(2)乙醇浸提:在使用乙醇浓度为 60%、温度为 55℃、时间 70 min、料液比1∶10 的条件下,将核桃粕放置于水浴锅中进行加热浸提,目的是脱除糖类等物质。

(3)离心:在 3 000 r/min、20 min 的条件下将得到的产物进行离心处理,去除清液,取沉淀保存备用。

(4)冷冻干燥:先将冷冻干燥机温度降到-50℃以下,放入超低温冰箱中将样品冷冻成固体状态,进行冷冻干燥处理,制得粉末状的核桃浓缩蛋白。

三、核桃分离蛋白的加工技术

核桃分离蛋白是低温核桃粕去除非蛋白质成分后,所获得的一种高纯度的蛋白质粉状核桃制品。与核桃浓缩蛋白相比,核桃分离蛋白中剔除了可溶性糖类等成分,从而提高了蛋白质含量,通常蛋白质含量可达到 90%以上。核桃分离蛋白的制取工艺有多种,常用的核桃分离蛋白的提取方法有碱溶酸沉法、反胶束法、膜分离法等。目前,国内外生产核桃分离蛋白仍以碱溶酸沉法为主,以下重点阐述了采用碱溶酸沉法生产核桃分离蛋白的具体工艺。

(一)工艺原理

核桃分离蛋白生产的主要原理是,利用蛋白质在强酸及中性碱条件下具有较为明显的等电点沉淀现象与溶解性的特性,在偏中性碱的条件下,将核桃蛋白较充分地从脱脂核桃粉中溶出，使核桃蛋白与非溶性成分分离，而当 pH 在 4.5 左右即核桃蛋白等电点附近时，蛋白质溶解性变小，能使滤液中的蛋白质较完全地沉淀析出，进而完成核桃蛋白的提取与分离，再经冷冻干燥后得到核桃分离蛋白。由于强酸强碱会导致核桃蛋白过度变性，通常提取液 pH 在 9 即可达到较理想的蛋白质提取效果，因此，目前常采用 pH 为 9 的 NaOH 溶液提取核桃蛋白，并采用盐酸将 pH 调整至 4.5 左右对滤液中的蛋白质进行沉淀浓缩。

（二）工艺流程

毛晓英等学者参照 Wolf 的制备大豆分离蛋白的方法，根据响应面优化核桃蛋白提取条件以及核桃碱溶蛋白酸沉淀的结果，按照以下工艺制备核桃分离蛋白，得到的核桃分离蛋白纯度为 90.5%，得率为 43.15%。通过分析发现，此法制备的核桃蛋白纯度比姜荣庆和姜莉分别采用碱提法提取制备出的核桃蛋白质纯度（分别为 82.46%、83%）更高。由此结果可以看出，按照以下碱溶酸沉工艺制备的核桃分离蛋白可以基本达到分离蛋白纯度的要求，具体工艺流程如图 10-2 所示。

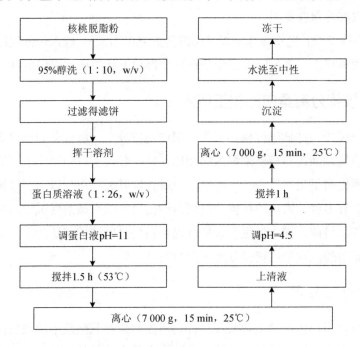

图 10-2　核桃分离蛋白制备流程

四、核桃蛋白组分的制备

　　有学者以核桃脱脂粉为原料，按照核桃蛋白组分分离工艺流程（见图 10-3）步骤进行分离得到核桃蛋白，组成为谷蛋白、清蛋白、球蛋白、醇溶蛋白，含量分别是 72.06%，7.54%，15.67%，4.73%。从结果可以看出，构成核桃蛋白的主要组分是谷蛋白，其含量超过了 70%，这与 Sze-Tao 等学者研究的美国核桃的结果相似。

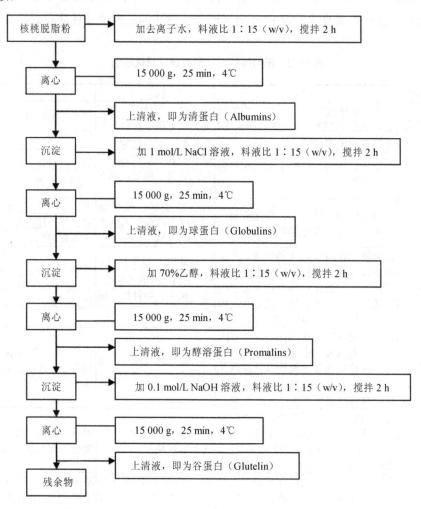

图 10-3　核桃蛋白组分制备流程

五、核桃蛋白的改性技术

核桃蛋白的改性是将蛋白质的理化性质进行改变，从而使核桃蛋白的结构与功能性质得到改善或加强。与此同时，还可以通过抑制酶活性或去除有害有毒物质等途径，达到增强营养利用率的目的。蛋白质改性的实质是利用不同的加工方法将蛋白质基团进行修饰，改变核桃蛋白的分子结构和功能基团，进而对其功能特性产生影响，从而改善之前的特性功能。核桃蛋白改性的方法主要包括物理改性、化学改性和酶法改性，表10-2为不同改性方法的原理以及优缺点总结。

表 10-2   不同改性方法的原理以及优缺点

方法名称	提取原理	优点	不足
高速剪切	由于急剧的速度梯度产生强烈的剪力，使液滴或颗粒发生变性和破裂达到微粒化的目的	速度快、粒径细、分布均匀，可低温粉碎、节省原料、减少污染	产品压缩性降低、流动性变差
烘烤处理	利用热元件所发出的辐射热对目标进行烘烤	提升乳化稳定性，丰富食品感官、风味，成本低	加工时间长，加工过程控制难度大
干燥处理	利用不同的干燥技术，将化合物中存在的水分或其他溶剂析出的过程	营养质量好，便于储存，可丰富食品的感官品质与性状	不同的干燥技术热效率、加工速度差异大，成本普遍偏高
超高压处理	指利用100 MPa以上的压力，在常温或较低温度条件下，使食品中的酶、蛋白质及淀粉等生物大分子改变活性、变性或糊化，同时杀死细菌等微生物的一种食品处理方法	对食品原有的营养、风味、色泽、质地破坏小，亦可杀菌，能耗低，操作安全	设备造价高，干燥食品、粉状或粒状食品不能采用此方法加工
微波处理	微波是频率为300 MHz~300 GHz的高频电磁波，它通过透射到食品内部并使极性分子振动摩擦而产生热量，并使食品中的水分子受热汽化，对食品细胞产生一定的作用	透力强，热效率高，热惯性小，易于控制	可能产生产品的色差和形变，技术性要求较高
超声波处理	超声波能量作用于介质，会引起质点高速细微的振动，产生速度、加速度、声压、声强等力学量的变化，从而引起机械效应	杀菌保鲜，延长储存时间，方便快捷	设备成本高，难以大规模投入食品加工流程
酶法改性	利用酶法对蛋白质进行水解、交联或共价接枝，使蛋白质的结构发生改变，进而改变其功能特性	可提高蛋白质的营养价值、功能特性和感官品质	研究较多，但实际应用较少，安全性须严格把控

第二节 新疆核桃油脂的加工与开发

核桃油中含有丰富的不饱和脂肪酸、维生素 E 和生物活性等成分，可以预防心血管疾病，延缓衰老，降低 II 型糖尿病的风险，缓解和辅助神经疾病、精神疾病的治疗，延缓癌细胞的生长。

核桃油的提取方法主要有压榨法、溶剂浸出法、超临界 CO_2 萃取法、水代法、水酶法等，不同的提取方法对核桃油特性有不同的影响。压榨法无溶剂残留，油脂品质较好，但油脂产率低，核桃粕饼的再利用价值低；浸出法出油率高，易实现大规模生产，但存在油脂色泽有待改善、因溶剂残留易引发食品安全等问题；超临界萃取法提取率高，不饱和脂肪酸含量高且没有溶剂残留，但其设备一次性投资较大，能耗大，对环保和成本提出了较高的要求。目前，核桃油在工业生产中最常用的方法是机械压榨法。

一、预处理技术

将核桃人工或者机械破碎去壳，与此同时筛选去除破壳、隔膜及霉变的核桃仁。

核桃去皮处理同上文工艺过程（见本章第一节）。

二、核桃油脂压榨法加工技术

压榨法是生产核桃油的主要方法，利用机械的压榨原理，将核桃中的油脂一次性榨出。常用的压榨机器有螺旋榨油机和液压榨油机，其中螺旋压榨机产能较小，液压压榨机通常用于大规模生产。

核桃蛋白变性温度不高，根据核桃蛋白在压榨过程中的变性程度，将机械压榨法分为热榨和冷榨两种。一般来说，热榨法使用螺旋式榨油机压榨制油，冷榨法则使用液压式榨油机，也有用螺旋榨油机实现冷榨的工艺方法，可以用于生产蛋白变性程度较低的产品，但产能相对较低。

（一）冷榨法

冷榨法制取核桃油的主要工艺要点为原料水分含量 5%～6%，入榨温度为室温，压榨过程中温度基本无变化，无须含壳。冷榨得到的核桃油品质较高，特别是色泽、酸值和过氧化值均显著优于核桃油国家标准和热榨核桃油。虽然冷榨出油率较热榨普遍偏低，但是整体的经济效益要高于热榨。

采用螺旋榨油机对核桃进行压榨提取核桃油，工艺过程如图 10-4 所示。

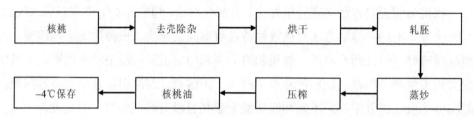

图 10-4 核桃油螺旋冷榨工艺步骤

吴凤智等学者通过正交试验得到核桃油液压冷榨的最佳工艺条件为压榨压力 30 MPa、压榨时间 40 min、入榨水分 1.5%，在此条件下油脂提取率为 93.19%，得到的核桃油品质高，酸值为 0.330 6，过氧化值为 0.245 2，色泽为 Y20、R1.0，各项理化指标均达到国家标准。液压冷榨核桃油的不饱和脂肪酸含量达到 93.029%，高于传统热榨油，具有较高的营养价值。冷榨法可以避免热榨制油的不足，近年来逐渐发展为核桃油生产的主流工艺。

图 10-5 为液压冷榨工艺流程：

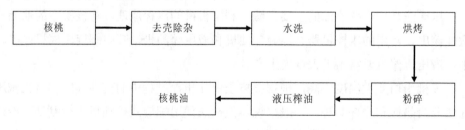

图 10-5 核桃油液压冷榨工艺流程

（二）热榨法

热榨法制取核桃油的主要工艺参数为原料水分含量 5%～6%，蒸炒温度 125～155℃，入榨温度 75～85℃，含壳率为 30%左右。核桃仁含油量较高，为了在榨膛中建立压力，需要添加核桃壳防止滑膛现象。由于热榨温度高且有核桃壳的加入，得到的核桃粕饼只能用作饲料或者肥料，而无法将核桃粕饼中蛋白质进行合理的利用，故这种方法的综合经济效益较差，而且热榨生产的核桃油在品质上无法达到国标要求，需要进一步精炼。在热榨过程中会发生褐变反应进而导致核桃油的色泽普遍偏深，且由于持续的高温氧化导致油的酸值升高，因此热榨产出的核桃原油通常需要经过脱色和脱酸处理。图 10-6 为热榨法工艺流程。

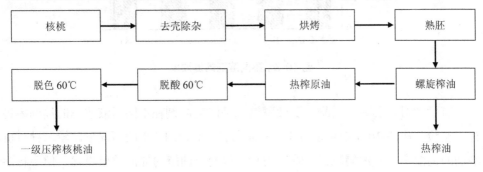

图 10-6 核桃油热榨法工艺流程

三、核桃油脂浸提法加工技术

利用浸提法对核桃油进行提取，核桃油的出油率高，操作温度较易控制，获得的核桃油品质高，具有加工流程简单、利于环保、有机溶剂回收方便等优点。

（一）溶剂的选择

核桃油的浸提法提取属于固液萃取过程，产出过程的速率以及成本的把控主要由溶剂的性质决定。作为油脂提取的理想溶剂通常具备以下特性：对油脂的溶解性好、选择性好；物理、化学性质稳定；无腐蚀性、无毒性；沸点低、易于回收、不残留；价格低廉，来源广泛。各种不同的溶剂都具有一定的优缺点，目前还未发现可同时满足上述所有特性的理想溶剂。有学者对丙酮、正己烷、无水乙醇、氯仿、石油醚这几种溶剂的优质提取进行了对照试验，结果如图 10-7 所示。从图中可以得出结论，提取率最高的溶剂是正己烷，无水乙醇则最低。

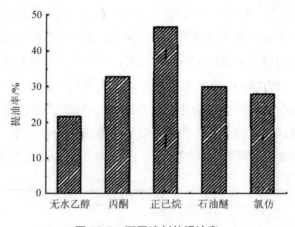

图 10-7　不同溶剂的提油率

有学者对正己烷、丙酮、石油醚这三种浸提溶剂在不同料液比下的提油率进行了实验，从图 10-8 中可以看出，在最佳的料液比 1∶8 的情况下比较三种有机溶剂的提油率：石油醚＞正己烷＞丙酮，说明石油醚的提油效果更优。但要将溶剂成本、循环利用程度等条件综合权衡后选择适合的提取剂。

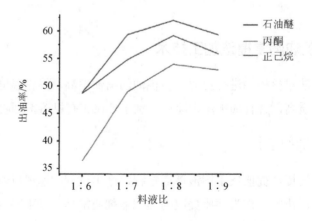

图 10-8　核桃仁的提油率

（二）浸提工艺

（1）将核桃进行预处理，去皮后放入 110℃ 的恒温干燥箱中干燥 24 h。

（2）将干燥后的核桃仁转移至干燥皿，待完全冷却后放入研钵，研碎成粉末。

（3）取出 10 g 研磨完全的核桃粉放入烧杯中。

（4）按料液比 1∶8 加入正己烷，利用磁力搅拌器搅拌 4 h，浸提温度在 57.5 ℃ 最优。由于正己烷有毒且易挥发，须注意实验安全。

（5）将搅拌完全的混合液体进行抽滤处理，残渣过滤。

（6）利用旋转蒸发仪回收有机溶剂，得到核桃油。

图 10-9 为核桃油脂浸提法工艺步骤。

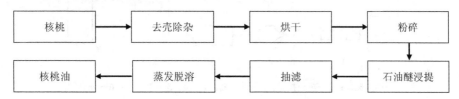

图 10-9　核桃油脂浸提法工艺步骤

四、核桃油脂超临界 CO_2 萃取加工技术

在诸多萃取分离技术中，超临界 CO_2 流体萃取技术是当前公认的最理想的分离技术之一，其利用 CO_2 在高压下处于超临界状态萃取分离出我们所需要的物质。其工艺简单且无毒无害，广泛应用在食品中各种成分的萃取中。有学者研究表明，超临界 CO_2 萃取获得的核桃油具有碘价高、皂化价低、酸价低等特点，整体油脂质量稳定且优秀。超临界 CO_2 流体萃取在实验室中易于操作，但由于萃取设备整体成本高昂且需要高压环境，在工业中大规模生产应用尚欠佳。

王丰俊等学者以 CL-02 型超临界 CO_2 流体萃取设备为案例进行萃取工艺的分析（图 10-10），其工作过程是，钢瓶 1 中的 CO_2 经过压力调节阀进入热交换器 2 中，预热完毕进入滤器 3 进行处理，过滤完全后经泵 4 抽入热交换器 2 开始加热，使温度达到工作要求，进入萃取釜 5 开始萃取核桃油，萃取出的核桃油与 CO_2 一起注入分离釜 6，实现 CO_2 和核桃油的分离。

利用超临界 CO_2 萃取工艺提取核桃蛋白的单因素试验表明，核桃粉碎后粒度在 20～40 目为佳，萃取时长不低于 2 h，萃取压力不低于 30 MPa，萃取温度在 35～45℃最优，在此条件下萃取的效率相对较高。在单因素试验的基础上，有学者利用正交试验进行了工艺参数优化，得到最佳的工艺萃取条件为萃取时间 2.5 h，萃取压力 30 MPa，粉碎粒度 30 目，萃取温度 40℃，在该萃取条件下，核桃油的提取率可以达到 95.74%。

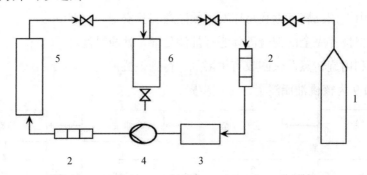

1—CO_2储罐；2—热交换器；3—过滤器；4—泵；5—萃取釜；6—分离釜。

图 10-10 超临界 CO_2 流体萃取流程

五、核桃油水代法萃取加工技术

水代法发展起步较晚，其最大的优势在于油脂萃取的同时，植物原料中的蛋白质、碳水化合物等其他物质可以进行有效的回收。与传统的核桃油萃取工艺进行比较，水代法萃取核桃油工艺安全、操作方便，不但可以提高萃取效率，而且得到的油品质好、色泽优，方便进一步深加工处理。

在水代法萃取核桃油的工艺流程中，兑水比例、搅拌时间和离心条件对萃取的结果具有显著影响。将谭博文和齐西婷等学者的研究整理，得到最佳工艺条件为提取温度 50℃，兑水比例 3∶1，pH 4.5，搅油时间 4 h（搅油速率为 600 rpm），离心力 4 800 rpm（离心时间 20 min）。在此条件下，核桃出油率可达到 72.00%。

图 10-11 为核桃油水代法萃取工艺步骤。

（1）核桃预处理：核桃去壳，筛选优质核桃仁。

（2）破碎：将核桃仁进行破碎出来，颗粒以黄豆粒大小为最佳。

（3）磨浆：将核桃仁粒进行研磨处理，最大限度地增加水与核桃油脂的接触面积，使油脂最大限度地被水取代。

（4）恒温搅油：将核桃浆在水浴条件下进行搅拌，搅拌速率为 600 rpm。

（5）离心：将搅拌后的核桃浆进行离心处理，利用密度差异使油和水分离。

（6）取油：离心完成后，将上层的核桃油脂去除，得到核桃油原油。

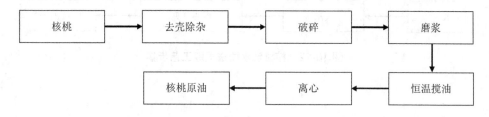

图 10-11　核桃油水代法工艺步骤

六、核桃油水酶法萃取加工技术

水酶法作为新兴的萃取方法，其主要工艺流程包括原料预处理，调节 pH，加入特定的酶进行酶解、灭酶、油水分离等工序。与传统的萃油工艺相比较，水酶法未使用有机溶剂和未在高温高压等条件下进行操作，具有萃取条件温和的优点，对核桃油脂以及核桃内其他物质的结构、功能特性影响较小。

季泽峰等学者对水酶法萃取核桃油的工艺进行了优化，得到最优工艺参数：pH 6.4，酶用量 1%（mL/g），反应时间 25 h，反应温度 20℃，通过单因素实验发现，淀粉酶对核桃油的提取效果最好。

图 10-12 为水酶法提取核桃油的工艺步骤。首先取 2 g 左右干燥核桃粉，按 1∶4（g/mL）的料液比加入一定 pH 的缓冲液，充分混合均匀后在 90℃水浴锅中灭酶，完成灭酶并使混合液冷却至室温，加入酶置于恒温振荡器中，在一定的反应温度下反应一定时间，反应完成在 90℃水浴锅中再次灭酶，经 8 000 r/min 离心 30 min，取上层清油。

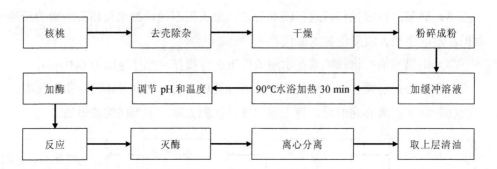

图 10-12 核桃油水酶法提取工艺步骤

参考文献

[1] 严兆福. 新疆核桃[M]. 乌鲁木齐：新疆科技卫生出版社，1994.

[2] 张树信. 新疆核桃良种资源[J]. 新疆农业科学，1989（3）.

[3] 虎海防，郑伟华，张强，等. 新疆6个核桃品种种仁主要营养成分比较分析[J]. 新疆农业科学，2010（6）.

[4] 杜蕾蕾. 冷榨核桃制备核桃油和核桃蛋白的研究[D]. 武汉工业学院，2009.

[5] 周苗苗，敬思群，苏乐萍，等. 乙醇提取法制备核桃浓缩蛋白及功能性质分析[J]. 食品科技，2019，44（1）：258-262.

[6] 韩海涛，宴正明，张润光，等. 核桃蛋白组分的营养价值、功能特性及抗氧化性研究[J]. 中国油脂，2019，44（4）：29-34.

[7] 毛晓英，朱新荣，万银松，等. 核桃蛋白的组成分析及分离提取工艺的优化[J]. 中国食品学报，2019，19（3）：195-205.

[8] 陈玉婷. 反胶束制备核桃蛋白的工艺及结构与功能性研究[D]. 济南大学，2017.

[9] 王国安，张强，虎海防，等. 核桃标准体系[Z]. 新疆维吾尔自治区林业厅，新疆维吾尔自治区质量技术监督局，新疆维吾尔自治区林业科学院，2012.

[10] DB 65/T 3966—2016，核桃园与冬小麦间作技术规程[S].